高等职业院校精品教材系列

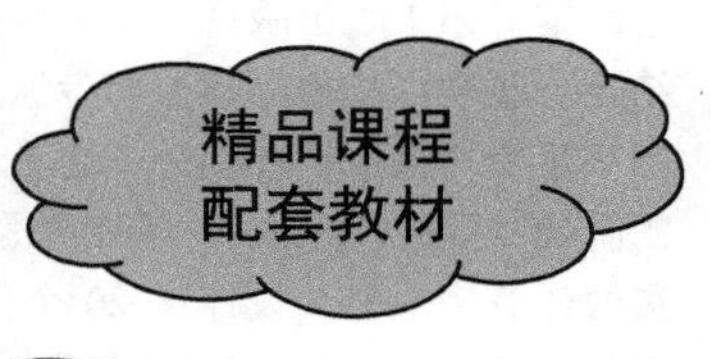

单片机技术与应用项目化教程（第2版）

彭 勇 主编

王建勇 彭永余 副主编

電子工業出版社
Publishing House of Electronics Industry
北京·BEIJING

内 容 简 介

本书第 1 版出版后，得到全国广大院校教师与学生的欢迎和使用，已先后重印 7 次，累计印约 2 万册，结合一线教师的使用建议和专家意见及新的教学成果，近期对本书内容进行了修订与完善。全书内容分为：初次见面（单片机基础）、让单片机听我的话（C 语言）、遇到紧急情况怎么办（中断系统）、看看单片机的闹钟（定时/计数器）、有空常联络（串口通信）、输入/输出接口电路 6 个项目，每个项目又分解成多个实做任务，全书共设计了 20 个任务。本书经修订编写后更适合当前该课程要求，融科学性、实用性、趣味性于一体，易于安排教学过程，注重技能培养。

本书为高等职业本专科院校单片机课程的教材，也可作为开放大学、成人教育、自学考试、中职学校和培训班的教材，以及单片机应用开发人员的参考工具书。

本书提供免费的电子教学课件、Proteus 设计文件、Keil 源程序、图片素材等，详见前言。

图书在版编目（CIP）数据

单片机技术与应用项目化教程/彭勇主编. —2 版. —北京：电子工业出版社，2017.8（2023.6 重印）
高等职业院校精品教材系列
ISBN 978-7-121-31981-5

Ⅰ. ①单… Ⅱ. ①彭… Ⅲ. ①单片微型计算机－高等学校－教材 Ⅳ. ①TP368.1

中国版本图书馆 CIP 数据核字（2017）第 139818 号

策划编辑：陈健德（E-mail:chenjd@phei.com.cn）
责任编辑：李　蕊
印　　刷：北京虎彩文化传播有限公司
装　　订：北京虎彩文化传播有限公司
出版发行：电子工业出版社
　　　　　北京市海淀区万寿路 173 信箱　邮编 100036
开　　本：787×1 092　1/16　印张：10.75　字数：275.2 千字
版　　次：2009 年 1 月第 1 版
　　　　　2017 年 8 月第 2 版
印　　次：2023 年 6 月第 10 次印刷
定　　价：42.00 元

第 2 版前言

本书第 1 版出版后，以其通俗易懂的描述、全新的教学理念、鲜明的高职教育特色、认真仔细的内容编写和精细的编辑出版过程，得到全国广大院校教师与学生的欢迎和使用，已先后重印 7 次，累计印约 2 万册。为贯彻落实“国务院关于大力发展职业教育的决定”精神，坚持以就业为导向的职业教育办学方针，推进高等职业技术院校课程和教材改革，在保留原教材主体内容与特色的基础上，结合一线教师的使用建议和专家意见以及新的教学成果，对其内容进行了优化、补充和完善。主要做了以下几方面的修订工作。

(1) 把编辑软件程序平台由原来的 Wave 6000 改换成了功能更加强大的 Keil。Keil 提供包括 C 编译器、宏汇编、链接器、库管理和一个功能强大的仿真调试器等在内的完整开发方案，通过一个集成开发环境（μVision）将这些部分组合在一起。

(2) 把原教材中的汇编语言改换成了 C 语言，与汇编语言相比，C 语言在功能、结构性、可读性、可维护性上有明显的优势，因而易学易用。

(3) 教学采用“做学结合”的一体化项目化教学方式，使原有任务更加实用和丰富，修订后增加了按键、模拟汽车转向灯、抢答等案例，贴近生活，提高学生的学习兴趣。

(4) 紧跟技术发展和行业企业的实际需求，对部分内容进行了更新。

全书内容分为：初次见面（单片机基础）、让单片机听我的话（C 语言）、遇到紧急情况怎么办（中断系统）、看看单片机的闹钟（定时/计数器）、有空常联络（串口通信）、输入/输出接口电路 6 个项目，每个项目又分解成多个实做任务，全书共设计了 20 个任务。

通过本教材的学习，将使读者达到以下目标：

(1) 了解单片机的组成、内部结构和特点，获得其硬件和软件的必要基础知识。

(2) 在初步掌握 C51 的基础上，掌握 C 语言程序的分析，能根据实际工作要求进行一般的程序设计和应用。

(3) 基本掌握单片机内部硬件资源和常用外围电路的初步应用方法。

(4) 掌握中小型单片机应用电路的软、硬件设计和调试。

本书经过修订，融科学性、实用性、趣味性于一体，主要有以下特点：

(1) 知识点和技能的项目化。

根据“必需、够用”原则，对使用单片机要掌握的技能及对应的知识点进行了剖析，将这些常用知识点和技能分解到 20 个实做任务中，以“用单片机”为核心，实现知识体系的项目化、模块化。

(2) 教材适用一体化、现场化教学模式。

由于知识体系的项目化，打破了理论、实践课程之间的分界，因此本教材非常适用于一体化教学和现场化教学，可让读者“在做中学，在学中做，做学结合，以做为主”，将理论知识点与实做技能有机地结合起来，让读者在实践过程中掌握单片机的技能和知识点。

(3) 通俗易懂，入门简单。

任务安排由浅入深，语言通俗易懂，尽量少用或不用高深的专业术语，将单片机中一些难懂的概念与生活中的一些事件进行类比。非常适合零基础的读者学习单片机，让读者在完成这些难度逐渐加深的任务过程中，实现由一个对单片机一窍不通的新手到一个能熟练使用单片机的技术人员的转变。

(4) 可以不用硬件开发板来学习，学习成本低。

全书的实做任务全部可以由基于 Proteus 仿真软件的平台来实现，可不用硬件开发板，只要有一台微机，安装上 Proteus 仿真软件，就可以用“做学结合”的方式完成本书的学习，大大节约了学习成本。

(5) 版面新颖实用，有助于高效地开展教学。

为更好地引导教师与学生实现教学目标，在每个项目前面设置了“教学导航”；为使学生快速掌握岗位知识与技能要点，在每个任务前面提供了“知识分布网络”；为了帮助学生归纳与总结所学知识，在每个项目的后面均安排了“知识梳理与总结”。

本书为高等职业本专科院校单片机课程的教材，也可作为开放大学、成人教育、自学考试、中职学校和培训班的教材，以及单片机应用开发人员的参考工具书。

本书由彭勇任主编并完成全书的审阅及统稿工作，由王建勇、彭永余任副主编。其中彭勇编写项目 1～2，完成项目 1～2 的 PPT 课件制作；王建勇编写项目 3～5、项目 6 的任务 6-1，完成项目 3～5 的 PPT 课件制作；彭永余编写项目 6 的任务 6-2～任务 6-4，并完成项目 6 的 PPT 课件制作。在本书编写过程中，蒲东、杨槐、陈晓娟、戴俨炯、杜中一、黄荻、何涛、吕国皎、李文耀、李可为、梁颖、孟晓明、宋科、吴建军、王小平、余建、夏江华、袁涛、赵安邦、赵新亚、张欣、曾友州、周志近等同志对本书的编写提供了很多宝贵的意见和建议，同时参考了多位同行教师的著作及资料，在此一并表示感谢。

由于作者水平有限，书中难免有疏漏和不足之处，请读者批评指正并给出宝贵意见。

为方便教师教学，本书还配有电子教学课件、教材中所有项目任务的 Proteus 设计文件、Keil 源程序及对应机器语言文件、图片素材等，请有此需要的教师登录华信教育资源网（http://www.hxedu.com.cn）免费注册后再进行下载，如果有问题请在网站留言或与电子工业出版社联系（E-mail:hxedu@phei.com.cn）。读者也可通过该精品课链接网址（http://jpkc.cqcmc.cn/mcu/main.asp）浏览和参考更多的教学资源。

编 者

目　录

项目 1　初次见面 …… (1)

教学导航 …… (1)

任务 1-1　单片机的分类与主要系列 …… (2)

任务 1-2　用单片机控制一个 LED 的亮灭 …… (5)

任务 1-3　解剖单片机 …… (14)

知识梳理与总结 …… (18)

练习题 1 …… (19)

项目 2　让单片机听我的话——C 语言 …… (20)

教学导航 …… (20)

任务 2-1　认识 C 语言 …… (21)

子任务 2-1-1　C 语言程序 …… (21)

子任务 2-1-2　单数码管轮流显示十进制数 …… (32)

任务 2-2　能掐会算的单片机 …… (37)

子任务 2-2-1　按键控制花式多样的霓虹灯 …… (37)

子任务 2-2-2　数据转化为 BCD 码并显示 …… (45)

任务 2-3　运算符与表达式类 …… (48)

子任务 2-3-1　运算符的验证 …… (48)

子任务 2-3-2　16 位 LED 流水灯（亮点流动）控制 …… (51)

任务 2-4　循环控制语句与位运算 …… (55)

子任务 2-4-1　模拟汽车转向灯 …… (55)

子任务 2-4-2　8 路抢答器设计 …… (60)

知识梳理与总结 …… (64)

练习题 2 …… (65)

项目 3　遇到紧急情况怎么办——中断系统 …… (66)

教学导航 …… (66)

任务 3-1　单键改变 8 流水灯状态 …… (67)

任务 3-2　双键改变 8 流水灯状态 …… (77)

知识梳理与总结 …… (83)

练习题 3 …… (83)

项目 4　看看单片机的闹钟——定时/计数器 …… (84)

教学导航 …… (84)

任务 4-1　控制 LED 发光二极管隔 1 s 闪烁 …… (85)

任务 4-2　BCD 码显示 60 s 计数器 …… (92)

任务 4-3　外部脉冲计数 …… (99)

任务 4-4　单音阶发生器 …… (102)

知识梳理与总结 …… (107)

练习题 4 …… (107)

项目 5　有空常联络——串口通信……(109)
教学导航……(109)
任务 5-1　单片机与 PC 通信……(110)
任务 5-2　双机串口通信系统……(115)
任务 5-3　多机串口通信系统……(121)
知识梳理与总结……(126)
练习题 5……(126)
项目 6　输入/输出接口电路……(127)
教学导航……(127)
任务 6-1　I/O 端口扩展……(128)
任务 6-2　数码管动态显示 8 位固定数字……(133)
任务 6-3　8 按键控制单数码管显示……(136)
任务 6-4　4×4 矩阵键盘控制单数码管显示……(145)
知识梳理与总结……(154)
练习题 6……(154)
附录 A　Proteus 软件使用入门……(155)
附录 B　Keil 软件使用入门……(161)

项目1 初次见面

教学导航

知识目标	1. 常用型号单片机的特点与差别; 2. 单片机怎样控制灯的闪烁; 3. 单片机的程序和数据的存放：程序存储器、数据存储器; 4. I/O 端口的知识; 5. 单片机的内部结构; 6. 常用专用寄存器（A、PSW、SP、DPTR）
能力目标	1. Keil 软件的使用; 2. Proteus 的基本操作; 3. 单片机的基本连线：电源连接、时钟电路连接、复位电路、EA 引脚连接; 4. 掌握单片机电路的开发过程
重点、难点	1. 单片机引脚的基本连接; 2. Keil 软件和 Proteus 软件的基本操作; 3. I/O 端口的知识
推荐教学方式	讲解单片机结构时与人进行类比，便于学生理解。任务 1-2 在实验室中，通过“一体化”教学，结合 Proteus 和 Keil 两个软件，边做边讲，与学生共同完成项目任务，让学生了解单片机电路开发的基本流程
推荐学习方式	通过完成项目任务，在做中学、学中做，实现技能与知识点的掌握，其中两个应用软件要多上机操作。任务 1-2 为本项目的重点。关键要掌握单片机电路的开发过程

任务 1-1　单片机的分类与主要系列

知识分布网络

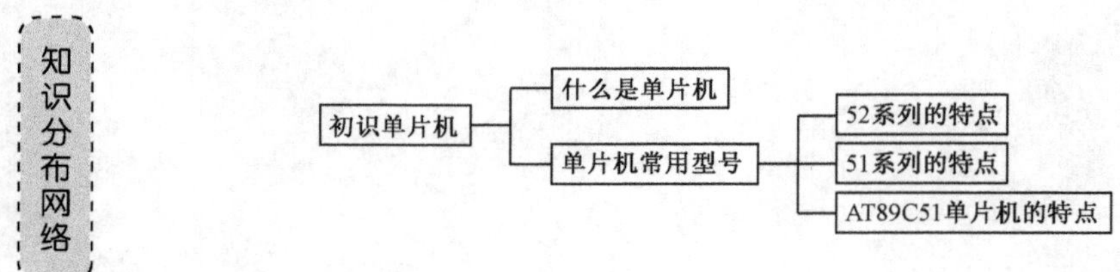

单片机这个词大家可能听说过很多次了，那到底什么叫单片机呢？

大家应该都接触过微机，微机是由主板、CPU、内存、硬盘等设备组合在一起构成的，而单片机将所有的这些设备集成在一块芯片内，所以称它为“单片机”。单片机又称为“微控制器（MCU）”。中文“单片机”这个称呼是由英文“Single Chip Microcomputer”直接翻译而来的。

1. 单片机的主要分类

（1）按应用领域可分为家电类、工控类、通信类、个人信息终端类等。

（2）按通用性可分为通用型和专用型。

通用型单片机的主要特点是：内部资源比较丰富，性能全面，而且通用性强，可适应多种应用要求。所谓资源丰富是指功能强；性能全面、通用性强是指可以应用在非常广泛的领域。通用型单片机的用途很广泛，使用不同的接口电路及编制不同的应用程序就可完成不同的功能。小到家用电器、仪器仪表，大到机器设备和整套生产线都可用单片机来实现自动化控制。

专用型单片机的主要特点是：针对某一种产品或某一种控制应用而专门设计，设计时已使结构最简，软、硬件应用最优，可靠性及应用成本最佳。专用型单片机用途比较专一，出厂时程序已经一次性固化好，不能再修改。例如，电子表里的单片机就是其中的一种，其生产成本很低。

2. 单片机的发展

自 1946 年第一台电子计算机诞生至今，依靠微电子技术和半导体技术的进步，计算机经历了电子管—晶体管—集成电路—大规模集成电路这样的发展路线，使得其体积更小，功能更强。特别是最近 20 年时间里，计算机技术获得了飞速的发展，计算机在工业、农业、科研、教育、国防和航空航天领域获得了广泛的应用，计算机技术已经是体现一个国家现代科技水平的重要标志。

单片机诞生于 20 世纪 70 年代，像 Fairchild 公司研制的 F8 单片微型计算机就是当时的产品。所谓单片机是利用大规模集成电路技术把中央处理单元（Center Processing Unit，即所谓的 CPU）和数据存储器（RAM）、程序存储器（ROM）及其他 I/O 通信口集成在一块芯片上，构成一个最小的计算机系统。而现代的单片机则加上了中断单元、定时单元及 A/D 转换等更复杂、更完善的电路，使得单片机的功能越来越强大，应用更广泛。

20 世纪 70 年代，微电子技术正处于发展阶段，集成电路处于中规模发展时期，各种新

材料、新工艺尚未成熟，单片机仍处在初级的发展阶段，元件集成规模还比较小，功能比较简单，多数公司均把 CPU、RAM（有的还包括了一些简单的 I/O 端口）集成到芯片上，像 Fairchild 公司就属于这一类型。这种芯片还需配上外围的其他处理电路方可构成完整的计算系统。类似的单片机还有 Zilog 公司的 Z80 微处理器。

1976 年 Intel 公司推出了 MCS-48 单片机，并推向市场，这个时期的单片机才是真正的 8 位单片微型计算机。它因为体积小、功能全、价格低而获得了广泛的应用，为单片机的发展奠定了基础，成为单片机发展史上重要的里程碑。

其后，在 MCS-48 的带领下，各大半导体公司相继研制和发展了自己的单片机，如 Zilog 公司的 Z8 系列。到了 80 年代初，单片机已发展到了高性能阶段，如 Intel 公司的 MCS-51 系列、Motorola 公司的 6801 和 6802 系列、Rockwell 公司的 6501 及 6502 系列等，此外，日本著名电气公司 NEC 和 Hitachi 都相继开发了具有自己特色的专用单片机。

80 年代，世界各大公司竞相研制出多种功能强大的单片机，约有几十个系列，300 多个品种，此时的单片机均属于真正的单片化，大多集成了 CPU、RAM、ROM、数目繁多的 I/O 接口及多种中断系统，甚至还有一些带 A/D 转换器的单片机，功能越来越强大，RAM 和 ROM 的容量也越来越大，寻址空间甚至可达 64 KB，可以说，单片机发展到了一个全新阶段，应用领域更广泛，许多家用电器均走向利用单片机控制的智能化发展道路。

1982 年以后，16 位单片机问世，代表产品是 Intel 公司的 MCS-96 系列。16 位单片机比 8 位机数据宽度增加了一倍，实时处理能力更强，主频更高，集成度达到了 12 万只晶体管，RAM 增加到了 232 字节，ROM 则达到了 8 KB，并且有 8 个中断源，同时配置了多路的 A/D 转换通道，高速的 I/O 处理单元，适用于更复杂的控制系统。

90 年代以后，单片机获得了飞速的发展，世界各大半导体公司相继开发了功能更为强大的单片机。美国 Microchip 公司发布了一种完全不兼容 MCS-51 的新一代 PIC 系列单片机，引起了业界的广泛关注，特别是其精简指令集只有 33 条指令，吸引了不少用户，使人们从 Intel 的 111 条复杂指令集中走出来。PIC 单片机获得了快速的发展，在业界占有了一席之地。

随后更多的单片机品种蜂拥而至，Motorola 公司接着发布了 MC68HC 系列单片机，MC68HC05 系列以其高速低价等特点赢得了不少用户。日本几个著名公司也都研制出了性能更强的产品，但不同于 Intel 等公司投放到市场的通用单片机，日本的单片机一般均用于专用系统控制。例如，NEC 公司生产的 uCOM87 系列单片机，其代表作 uPC7811 是一种性能相当优异的单片机。

Zilog 公司的 Z8 系列产品代表作是 Z8671，其内含有的 BASIC Debug 解释程序极大地方便了用户。而美国国家半导体公司的 COP800 系列单片机则采用先进的哈佛结构。Atmel 公司把单片机技术与先进的 Flash 存储技术完美地结合起来，发布了性能相当优秀的 AT89 系列单片机。中国台湾的 Holtek 和 Winbond 等公司也纷纷加入了单片机发展行列，凭着它们廉价的优势，分享一杯美羹。

1990 年，美国 Intel 公司推出的 80960 超级 32 位单片机引起了计算机界的轰动，产品相继投放市场，成为单片机发展史上又一个重要的里程碑。

此期间，单片机品种异彩纷呈，有 8 位、16 位甚至 32 位机，但 8 位单片机仍因其价格低廉、品种齐全、应用软件丰富、支持环境充分、开发方便等特点而占据主导地位。Intel

公司凭着其雄厚的技术，性能优秀的机型和良好的基础，其生产的单片机为市场中的主流产品。只不过 90 年代中期，Intel 公司忙于开发个人计算机微处理器，已没有足够的精力继续发展自己创导的单片机技术，而由 Philips 等公司继续发展 C51 系列单片机。

我国目前最常用以下厂家研制的单片机：Intel 公司（MCS-51 系列，MCS-96 系列）、Atmel 公司（AT89 系列，MCS-51 内核）、Microchip 公司（PIC 系列）、Motorola 公司（68HCXX 系列）、Zilog 公司（Z86 系列）、Philips 公司（87、80 系列、MCS-51 内核）、Siemens 公司（SAB80 系列、MCS-51 内核）、NEC 公司（78 系列）、Epson 公司（EOC88 系列）。

3. 单片机的兄弟姐妹

MCS51 是指由美国 Intel 公司生产的一系列单片机的总称，这一系列单片机包括了很多品种，如 8031、8051、8751、8032、8052、8752 等。其中，8051 是最早、最典型的产品，该系列其他单片机都是在 8051 的基础上进行功能的增减改变而来的，所以人们习惯用 8051 来称呼 MCS-51 系列单片机。而 8031 是前些年在我国最流行的单片机，所以很多场合会看到 8031 的名称。

1）MCS-51 系列单片机

MCS-51 系列单片机分为两大子系列，即 51 子系列与 52 子系列。

51 子系列：基本型，根据片内 ROM 的配置，对应的芯片为 8031、8051、8751。

52 子系列：增强型，根据片内 ROM 的配置，对应的芯片为 8032、8052、8752。

这两大子系列单片机的主要硬件特性如表 1-1-1。

表 1-1-1　常用型号单片机比较

片内 ROM 形式			ROM 大小	RAM 大小	寻址范围	I/O 特性		中断数量
无	ROM	EPROM				计数器	并行口	
8031	8051	8751	4 KB	128 B	64 KB	2×16	4×8	5
80C31	80C51	87C51	4 KB	128 B	64 KB	2×16	4×8	5
8032	8052	8752	8 KB	256 B	64 KB	3×16	4×8	6
80C32	80C52	87C52	8 KB	256 B	64 KB	3×16	4×8	6

从上表中可以看到，8031、80C31、8032、80C32 片内是没有 ROM 的，而且可以发现，51 系列单片机的 RAM 大小为 128 B，52 系列单片机的 RAM 大小为 256 B；51 系列的计数器为 2 个 16 位计数器，52 系列的计数器为 3 个 16 位计数器；51 系列的中断源为 5 个，52 系列的中断源为 6 个。

2）8051 与 80C51 的区别

80C51 是在 8051 的基础上发展起来的，也就是说在单片机的发展过程中先有 8051，后有 80C51。

8051 与 80C51 从外形看是完全一样的，其指令系统、引脚信号、总线等完全一致（完全兼容），也就是说在 8051 下开发的软件完全可以在 80C51 上应用，在 80C51 下开发的软件也可以在 8051 上应用。这两种单片机是可以完全互相移植的。

既然这两种单片机外形及内部结构都一样，那它们之间的主要差别在哪里呢？8051 与 80C51 的主要差别在于芯片的制造工艺上。80C51 的制造工艺在 8051 的基础上进行了改进。

8051 系列单片机采用的是 HMOS 工艺，速度高、密度高。

80C51 系列单片机采用的是 CHMOS 工艺，速度高、密度高、功耗低。

也就是说，80C51 是一种低功耗单片机。

Intel 公司将 MCS-51 的核心技术授权给了很多其他公司，所以有很多公司在做以 8051 为核心的单片机，当然，功能或多或少有些改变，以满足不同的需求。其中，AT89C51 就是这几年在我国非常流行的单片机，它是一种带 4 KB 闪烁可编程可擦除只读存储器（Flash Programmable and Erasable Read Only Memory，FPEROM）的高性能单片机，可擦除只读存储器可以反复擦除 100 次。与工业标准的 MCS-51 指令集和输出引脚相兼容。它是由美国 Atmel 公司开发生产的。以后本书将用 AT89C51 来完成一系列的实验。

任务 1-2　用单片机控制一个 LED 的亮灭

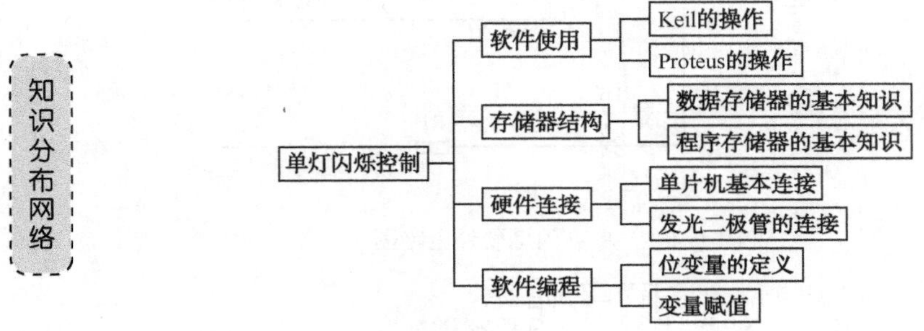

在做本任务之前，先熟悉一下在开发过程中要用到的两个开发软件，分别是 Proteus 软件（见附录 A）和 Keil 软件（见附录 B）。

1. 任务目标

（1）单片机内部结构的了解；

（2）单片机输入/输出口的基本应用；

（3）Keil 的作用及使用方法；

（4）编程器的作用及使用方法；

（5）单片机基本连接电路（复位、晶振、EA 脚、电源的连接）。

2. 任务要求

用单片机控制一个 LED 发光二极管不断闪烁。

3. 相关知识

下面先给出实现这个任务的硬件电路，见图 1-2-1，然后分析一下这个硬件电路。

1）单片机的基本连线

想要使用一块芯片，首先必须要知道应该怎样连线。AT89C51 芯片的引脚图见图 1-2-2，下面就看一看图 1-2-1 中是如何给它连线的。

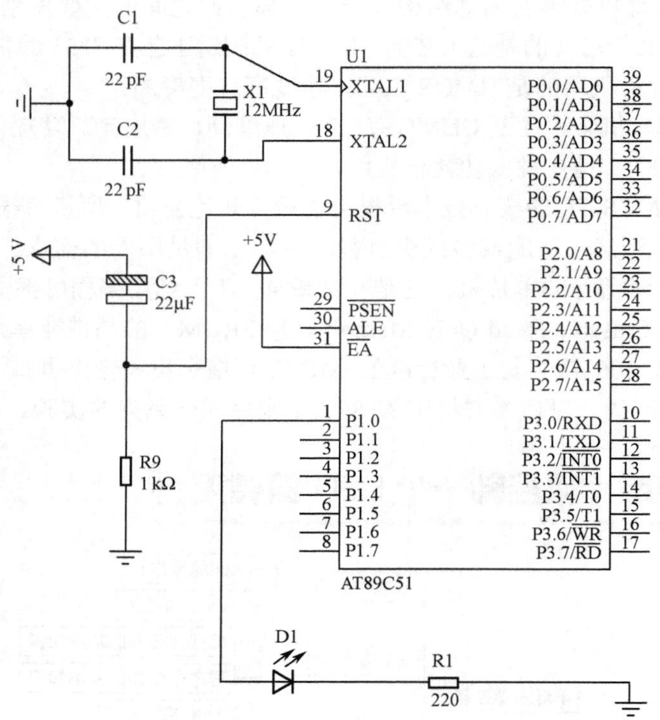

图 1-2-1　单灯闪烁硬件电路图

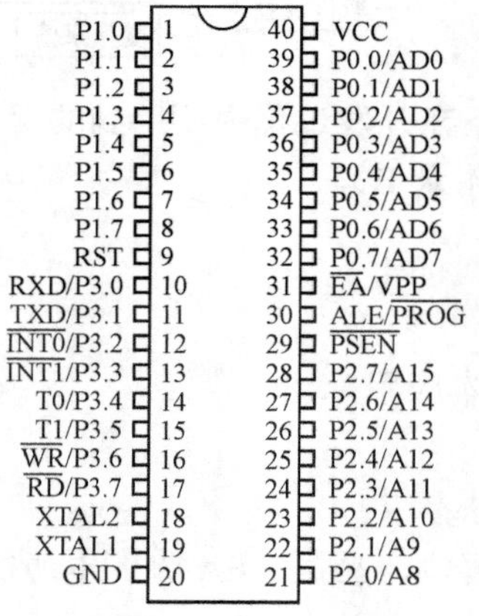

图 1-2-2　单片机引脚图

（1）电源：这当然是必不可少的了，任何芯片要正常工作都要连接电源。单片机使用的是+5V 电源，其中正极接 40 引脚 VCC，负极（地）接 20 引脚 GND。

注意　在 Proteus 软件中电源脚与接地脚可以不连接。

（2）振荡电路：单片机是一种时序电路，必须提供脉冲信号才能正常工作，单片机才能按照这个时序信号，一步一步地完成相关工作。在单片机内部已集成了振荡器，只要在 18、19 脚接上晶振和电容就可以产生时钟脉冲了。连接方法见图 1-2-1 中 18、19 脚的连

接。其中，两个小电容用于提高产生的振荡信号的稳定性，典型值为 22 pF。

（3）复位引脚（RST）：将 9 脚按图 1-2-1 中的画法连好，构成复位电路。让单片机上电就进行复位，进行电路的初始化。

（4）EA 引脚：EA 引脚接到正电源端。为什么 EA 引脚要接正电源端？可不可以接地？这些问题先记在心上，后面再慢慢给大家介绍。

至此，一个单片机的基本电路就接好了，单片机可以开始工作了。注意：单片机应用电路这几个引脚的连接方法基本都是这样的。

2）单片机怎样控制灯的闪烁

我们的第一个任务是要用单片机控制一只发光二极管闪烁，实际上就是让单片机控制 LED 亮和灭。那么怎样才能让单片机点亮或者熄灭 LED 呢？

显然，这个 LED 必须要和单片机的某个引脚相连，否则单片机就没法控制它了，那么和哪个引脚相连呢？单片机上除了刚才基本连接用掉的 6 个引脚外，还有 34 个。其中有 32 根 I/O 线，可以将单片机内部的二进制数据（高、低电平）输出，这些 I/O 脚上输出的高、低电平可以对发光二极管的亮与灭进行控制。因此，将 D1 这个 LED 连到一根 I/O 线上，与 1 脚相连（见图 1-2-1，其中 R1 是限流电阻）。

按照图 1-2-1 的接法，当 1 脚是高电平时，LED 亮；只有当 1 脚是低电平时，LED 才灭。因此，要让这个 LED 点亮或熄灭，实际上就是让 1 脚按要求变为高电平或低电平。既然要控制 1 脚，就得给它起个名字，设计 51 芯片的 Intel 公司已经起好了，叫它 P1.0，这是规定，不可以由我们更改。P1.0 实际上是 32 个 I/O 脚其中的一个。Intel 公司将 32 根 I/O 线分为 4 组，其中 P1.0～P1.7 为一组，Intel 公司给它取名为 P1 端口，另外三组分别为 P0、P2、P3 端口，每个端口都有 8 根 I/O 线。

名字有了，怎样让 P1.0 变高或变低呢？叫人做事，跟他说一声就可以，这叫发布命令；要单片机做事，也得向单片机发命令，单片机能听得懂的命令称为单片机的指令。用 C 语言实现一个引脚输出高电平，首先要定义一个变量，如 sbit P1_0=P1^0，其次将变量置 1，如 P1_0=1；同理，用 C 语言实现一个引脚输出低电平，首先要定义一个变量，如 sbit P1_0=P1^0，其次将变量置 0，如 P1_0=0。

现在已经有办法让单片机去操作 P1.0 输出高电平或低电平了，但是怎样才能让单片机执行这条指令呢？要解决这个问题，还有以下步骤。

（1）单片机看不懂 P1_0=1 之类的语句，需要把程序语句翻译成其能懂的方式，再让它去读。单片机是由数字电路组成的，数字电路里只有两种信号，高电平和低电平，分别用二进制数中的 1 和 0 来表示，单片机只懂二进制数字，因此需要把“P1_0=1”变为（11010010B，10010000B），或者把“P1_0=0”变为（11000010B，10010000B），至于为什么是这两个数字，这也是由 51 芯片的设计者（Intel）规定的，可以不用研究，并且这个翻译过程也不用人们操心，有相关的软件帮助大家完成这个工作（伟福软件或 Keil C51 都可以），后面会给大家介绍。单片机能够看懂的二进制数指令称为机器语言。

（2）在得到这两个数字后，怎样让这两个数字进入单片机的内部呢？这要借助于一个硬件工具——编程器。通过编程器，可以将单片机能够看懂的这两个二进制数指令下载到单片机内部。

请思考一个问题：当人们在编程器中把一个指令写进单片机内部，并连上电路后，单片机就可以执行这个指令了，那么这个指令一定保存在单片机的某个地方，并且这个地方在单片机掉电后依然可以保持这个指令不会丢失，这是什么地方呢？这个地方就是单片机内部的只读存储器，即 ROM（Read Only Memory），也称为程序存储器。

为什么称它为只读存储器呢？刚才不是把两个数字写进去了吗？原来在 89C51 中的 ROM 是一种电可擦除的 ROM，称为 Flash ROM，刚才是用编程器在特殊的条件下由外部设备对 ROM 进行写操作，在单片机正常工作条件下，只能从那里面读，不能把数据写进去，所以把它称为只读存储器。

要让 LED 亮起来或熄灭，就是将编写的 C 语言程序经过编译，得到机器语言文件，再通过编程器将机器语言文件下载到单片机内部，然后接上电路就可以了。现在分析一下怎样才能让 LED 闪烁起来。

实际上就是要灯亮一段时间，再灭一段时间，也就是说要 P1.0 不断地输出高电平和低电平。怎样实现这个要求呢？请考虑下面的语句是否可行：

```
sbit P1_0=P1^0;
P1_0=1;
P1_0=0;
…
```

这是不行的，有两个问题：第一，计算机执行指令的时间很快，执行完“P1_0=1”语句后灯亮了，但在极短时间（微秒级）后，计算机又执行了“P1_0=0”语句，灯又灭了。由于人眼的反应没有这么快，所以根本分辨不出灯曾亮过。第二，在执行完“P1_0=0”语句后不会再去执行“P1_0=1”语句，LED 只亮、灭了一次，以后再也没有机会让灯亮了。

为了解决这两个问题，可以做如下设想：

第一，在执行完“P1_0=1”语句后，延时一段时间（几秒或零点几秒），让单片机的 P1.0 保持高电平状态一定时间后再执行第二个指令，就可以分辨出灯曾亮过。在执行“P1_0=0”语句后也延时一段时间，就可以看出灯曾灭过。

第二，在执行完“P1_0=0”语句后，让计算机再去执行“P1_0=1”语句，重复刚才的过程，这样不断循环，就可以实现亮灭闪烁了。

以下给出程序：

```
//程序：1-2-1.c
//功能：控制灯的闪烁
#include "reg51.h"                //包含头文件 reg51.h，定义了 MCS-51 单片机的特殊功能寄存器
#define uchar unsigned char       //宏定义 unsigned char
sbit P1_0=P1^0;                   //定义位名称
void delay(void)                  //延时函数（软件实现）
  {   unsigned char i,j,k;        //定义无符号字符型变量 i、j 和 k
      for(i=5;i>0;i--)            //三重 for 循环语句实现软件延时
      {   for(j=200;j>0;j--)
          {   for(k=250;k>0;k--)
              {;}
          }
```

```
        }
    }
void main(void)                     //主函数
{     while(1)
      {     P1_0=0;                 //信号灯熄灭
            delay();                //调用延时函数
            P1_0=1;                 //信号灯点亮
            delay();                //调用延时函数
      }
}
```

以上双斜杠为C语言的注释部分，在程序编译的过程中，注释部分不会执行。

小贴士　“void delay（void）”这是一段延时程序，大概延时零点几秒，至于具体的时间以后再学习如何计算。

该程序的语句，大家不用很详细地理解，在后面的章节中会系统地给大家介绍。

程序开头的#include "reg51.h"是预处理命令，指包含头文件reg51.h，定义了MCS-51单片机的特殊功能寄存器。

3）单片机的程序和数据的存放

刚才说过，指令一定保存在单片机的某个地方，并且这个地方在单片机掉电后依然可以保持指令不会丢失。这个地方就是单片机内部的只读存储器，即ROM（Read Only Memory），也叫程序存储器。

（1）程序存储器：一个微处理器能够执行某种任务，除了依靠它们功能强大的硬件外，还需要使它们运行的软件。其实微处理器并不聪明，它只是完全按照人们预先编写的程序执行。而设计人员编写的程序就存放在微处理器的程序存储器中，俗称只读存储器（ROM）。程序相当于给微处理器处理问题的一系列命令。其实程序和数据一样，都是由机器码组成的代码串，只是程序代码存放于程序存储器中。对于AT89C51单片机来说，内部自带了4 KB ROM单元，称为片内程序存储器，地址范围为0000H～0FFFH，一般的程序都能够装下。如果编写的程序指令太多，单片机自带的片内程序存储器装不下，则可以在单片机外面用ROM集成块构建片外ROM（最多60 KB单元，地址范围为1000H～FFFFH）。在前面讲单片机的基本电路连接时讲到过EA引脚要连电源，为什么？原来EA引脚就是用来决定能不能使用单片机自带的片内ROM的，只有EA引脚接高电平时，才能使用片内ROM；如果EA引脚接低电平，则单片机电路只能使用片外ROM（对于内部无ROM的8031单片机，此时单片机的$\overline{EA}$端必须接地）。

（2）数据存储器：什么是数据存储器呢？可以从现实生活中找答案。如果出一道数学题123+567，让你回答结果是多少，你会马上答出是690。再看下面一道题123+567+562，要你马上回答，就不这么容易了。你会怎样做呢？如果有张草稿纸，先算出123+567=690，把690写在纸上，然后再算690+562，得到结果是1252。1252是想要的结果，而690并非所要的结果，但是为了得到最终结果，必须先算出690并记下来，这其实是一个中间结果。计算机运算和这个类似，为了得到最终结果，往往要做很多的中间结果，这些中间结果要有个地方存放，把它们放到哪里呢？放在前面提到过的 ROM 中显然不行，因为计算机要将结果写进去，而 ROM 在单片机正常工作状态下是不可以写的，所以在单片机中另有一个区域称为 RAM 区（RAM 是“随机存取存储器”的英文缩写），也称为数据存储器，有点像之前举例中的草稿纸，它可以将数据写进去、读出来。特别地，在 MCS-51 单片机中，将 RAM 中分出一块区域，称为工作寄存器区，工作寄存器区有 32 个存储单元，每 8 个存储单元分为一组，一共 4 组，单片机在工作时通过一定的方式选择其中的一组作为工作寄存器，分别用 R0，R1，…，R7 来表示，共 8 个数据存储单元，用来存放数据，这 8 个存储器是使用得最多的数据存储器。

下面来系统地介绍一下片内 RAM。8051 的片内 RAM 共有 256 个单元，通常把这 256 个单元按其功能划分为两部分：低 128 单元（单元地址为 00H～7FH）和高 128 单元（单元地址为 80H～FFH）。

（1）片内 RAM 低 128 单元的配置如表 1-2-1 所示。

表 1-2-1　片内 RAM 低 128 单元的配置

地　址	功　能
30H～7FH	数据缓冲区
20H～2FH	位寻址区（00H～7FH）
18H～1FH	工作寄存器 3 区（R7～R0）
10H～17H	工作寄存器 2 区（R7～R0）
08H～0FH	工作寄存器 1 区（R7～R0）
00H～07H	工作寄存器 0 区（R7～R0）

低 128 单元是单片机的真正 RAM 存储器，可由人们任意使用，相当于前面讲的草稿纸，按其用途划分为三个区域。

① 寄存器区：寄存器区共有 4 组寄存器，每组 8 个寄存单元（各为 8 位），单片机选用这 4 组中的一组 8 个寄存单元作为 R0，R1，…，R7，也称它们为工作寄存器。CPU 到底选 4 组中的哪一组作为 R0，R1，…，R7 由一个专用寄存器 PSW 中的 RS1 和 RS0 位的状态组合来决定。

通用寄存器为 CPU 提供了就近数据存储的便利，有利于提高单片机的运算速度。此外，使用通用寄存器还能提高程序编制的灵活性，因此在单片机的应用编程中应充分利用这些寄存器，以简化程序设计，提高程序运行速度。

② 位寻址区：内部 RAM 的 20H～2FH 单元，既可作为一般 RAM 单元使用，进行字节操作，也可以对单元中每一位进行位操作，每一位都有自己的一个编号（位地址），因此把该区称为位寻址区。位寻址区共有 16 个 RAM 单元，计 128 位，位地址为 00H～7FH。51 单片机某些存储器具有位处理功能（也叫布尔处理功能），前面介绍的 sbit 语句实际上就是一个位操作处理语句，这种位处理能力是 MCS-51 的一个重要特点。表 1-2-2 为片内 RAM 位寻址区的位地址表。

③ 用户 RAM 区：在内部 RAM 低 128 单元中，通用寄存器占去 32 个单元，位寻址区占去 16 个单元，剩下 80 个单元，这就是供用户使用的一般 RAM 区，其单元地址为 30H～7FH，可由用户自由使用。

表 1-2-2　片内 RAM 位寻址区的位地址

单元地址	位地址（高——低）							
2FH	7F	7E	7D	7C	7B	7A	79	78
2EH	77	76	75	74	73	72	71	70
2DH	6F	6E	6D	6C	6B	6A	69	68
2CH	67	66	65	64	63	62	61	60
2BH	5F	5E	5D	5C	5B	5A	59	58
2AH	57	56	55	54	53	52	51	50
29H	4F	4E	4D	4C	4B	4A	49	48
28H	47	46	45	44	43	42	41	40
27H	3F	3E	3D	3C	3B	3A	39	38
26H	37	36	35	34	33	32	31	30
25H	2F	2E	2D	2C	2B	2A	29	28
24H	27	26	25	24	23	22	21	20
23H	1F	1E	1D	1C	1B	1A	19	18
22H	17	16	15	14	13	12	11	10
21H	0F	0E	0D	0C	0B	0A	09	08
20H	07	06	05	04	03	02	01	00

（2）内部数据存储器高 128 单元：内部 RAM 的高 128 单元是供给专用寄存器使用的，其单元地址为 80H～FFH。因这些寄存器的功能已作专门规定，故而称为专用寄存器，也可称为特殊功能寄存器（Special Function Register）。它们有什么用呢？在单片机内部有一些设备可供人们使用，如计数器、串口通信设备等，大家想想在现实生活中的设备是怎样使用的？一般情况下每个设备都有控制开关，通过这些控制开关来选择电子设备的相关功能，同样的道理，单片机内部的这些设备也需要一些“开关”来对它们的功能进行设置和控制，这些开关的断开和闭合是通过把特殊功能存储器的相应位设置为 1 或 0 来实现的，并能通过某些位为 0 还是为 1 反映其运行状态。对于 51 单片机来说，一般有 21 个 SFR，它们有各自不同的控制功能，会在后面的课程一一为大家介绍。

注意　虽然内部数据存储器高 128 单元共有 128 个地址，但单片机的 SFR 只用了其中的 21 个地址。

4. 任务实施

（1）在 Proteus 中按照图 1-2-1 连好硬件电路。

（2）用 Keil 软件编写程序，并进行编译得到 HEX 格式文件。

（3）将所得的 HEX 格式文件在 Proteus 中加载到单片机芯片中。

（4）开始仿真，看数码管显示有怎样的变化。

（5）Proteus 中结果正常后，用实际硬件搭接电路，通过编程器将 HEX 格式文件下载到 AT89C51 中。

（6）通电看效果，看灯是否闪烁。

说明：①Keil 软件的使用说明请参见附录 B；②Proteus 软件使用方法见附录 A。

5. 知识点的延伸

在这个任务中我们用 P1.0 这个引脚使灯亮，可以设想：既然 P1.0 可以让灯亮，那么其他引脚是否也可以呢？看一下图 1-2-2，在 P1.0 旁边有 P1.1，P1.2，…，P1.7，它们是否都可以让灯亮呢？除了以 P1 开头的引脚外，还有以 P0、P2、P3 开头的，一共是 32 个引脚，它们能否都让灯亮呢？答案是肯定的。事实上，凡以 P 开头的这 32 个引脚都可以点亮灯，也就是说，这 32 个引脚都可以作为输出使用，如果不用来点亮 LED，也可以用来控制继电器，或者控制其他的执行机构。

这 32 条线被分成了四组，也就是前面提到的单片机的 I/O 端口 P0、P1、P2、P3，每个 I/O 端口在单片机内实际对应着一个 8 位的存储单元，每一位连一个引脚（实际电路要复杂些，先这样理解）。比如，P1 口对应着 P1.0～P1.7，在任务中要让 P1.0 这个引脚为高电平或低电平，只需要用“P1_0=1”或“P1_0=0”语句就可以了。

如果想让 P1 口对应的 8 根 I/O 线全输出高电平或低电平，可以用 8 次“P1_0=1”或“P1_0=0”语句，但还有一个更简单的方法，就是向 P1 口对应的存储单元送一个 8 位二进制数。向存储单元送数使用传输指令，比如要想使 P1.7～P1.0 这 8 个引脚都输出高电平，只需执行语句“P1=0xFF”就可以了，这条语句的作用是把 0xFF（11111111B）这个 8 位二进制数送到 P1 存储单元，那么连到 P1 这个存储单元的 8 个引脚的高、低电平情况就与所连的各位的 1 值和 0 值对应，即 8 个引脚全部高电平。同样的道理，如果想使 P1.7～P1.0 这 8 个引脚都输出低电平，只需执行语句“P1=0x00”，也就是说把 00H（00000000B）这个 8 位二进制数送到 P1 存储单元即可。

称 P0、P1、P2、P3 为 I/O 端口，既然是 I/O 端口，除了能够输出高、低电平至控制端口上连接的 LED、继电器或其他的外围电路，也能将这些端口所接的外部电路的高、低电平输入到单片机内部，但是要注意：要让某个端口作为输入使用，首先要做一个“准备工作”，就是让端口输出“1”。为什么要这么做？这是由端口的内部电路决定的，在后面会详细讲解，大家先把它作为一个结论记住。正因为要先做这么一个准备工作，所以称单片机的 4 个端口为“准双向 I/O 端口”。

下面就以 P1 口为例，介绍一下单片机 I/O 端口的结构及工作原理。

（1）输出结构：图 1-2-3 为 P1 口其中一位的电路图，P1 口由 8 个这样的电路组成，它

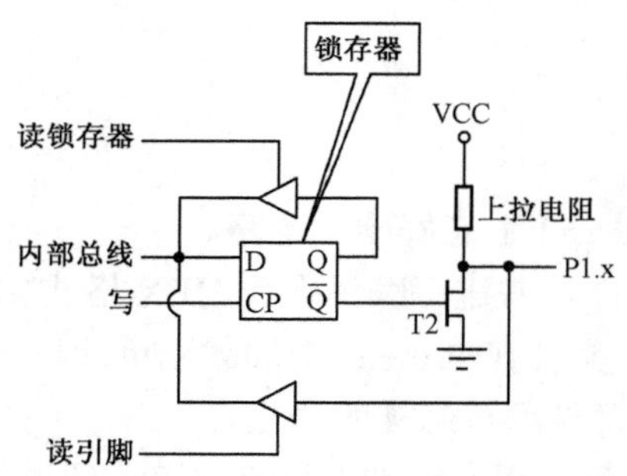

图 1-2-3　P1 口锁存器和缓冲器结构

是 8 位准双向口，每一位均可单独定义为输入或输出口，当作为输出口输出“1”时，“1”通过内部数据总线写入锁存器（D 端），使 Q（非）为 0，T2 截止，内部上拉电阻将电位拉至高电平，此时该引脚 P1.x 输出为 1，这样就将数据“1”从引脚 P1.x 输出了。

这里为什么要有一个锁存器呢？所谓锁存器实际上就是个 D 触发器，大家知道 D 触发器可以将二进制数保存下来，所以有锁存器的存在，使得单片机从总线送过来的数据“1”被保存在这个盒子中。此时，即使单片机去做其他事，不再从内部总线送数据“1”过来，I/O 端口仍然可以将锁存在盒子中的这个数据“1”送到引脚上，保证输出数据不会消失。当“0”写入锁存器时，Q（非）为 1，T2 饱和导通，流过上拉电阻的电流很大，从而在上拉电阻上产生很大的电压降，VCC 电压经过这个很大的电压降后，在 P1.x 上输出 0。同样的道理，由于有锁存器的存在，只要单片机没有向 P1 送新数据来，这个低电平就会一直保持下去。

（2）输入结构：除了输出之外，还有两根线，一根从外部引脚接入，另一根从锁存器的输出接出，分别标明读引脚和读锁存器。这两根线是用于从外部接收信号的，为什么要两根呢？因为在 51 单片机中输入有两种方式，分别称为“读引脚”和“读锁存器”。

读引脚方式：这种方式是将引脚作为输入，是真正地从外部引脚读进输入的值。

读锁存器方式：这种方式是该引脚处于输出状态，有时需要改变这一位的状态，并不需要真正地读引脚状态，而只是读入锁存器的状态，然后进行某种变换再输出。

那怎么知道单片机是输入引脚上的状态还是输入锁存器的状态呢？这要看用的是什么指令，在项目 2 再细说。

单片机的 4 个端口在输入前必须有个准备过程，就是要先向端口输出数据“1”，为什么呢？

请注意图 1-2-3，如果将 I/O 端口作为输入口使用，并不能保证在任何时刻都能得到正确的结果，为什么？因为 T2 有两种状态，即截止与饱和导通，它们的等效电路见图 1-2-4。当 T2 处于饱和状态时，场效应管等效电路为 3 个引脚连通，P1.x 引脚等效于与地短路了，此时不管引脚上输入的是高电平还是低电平，单片机接收到的数据都是“0”。只有当 T2 处于截止状态时，场效应管 3 个引脚等效于断路，此时，P1.x 引脚与地断开，它的输入值才不会受到影响。

（a）导通时等效电路　　（b）截止时等效电路

图 1-2-4　场效应管 T2 等效电路图

通过上面的分析知道，要使单片机的 I/O 端口能正确输入，应使 T2 处于截止状态，而 T2 的状态由锁存器内的数据决定，要使 T2 截止，必须向锁存器输出数据“1”，正因为要先做这么一个准备工作，所以称其为“准双向 I/O 端口”。

小贴士　（1）单片机 4 个端口可以作输入也可作输出，某个时刻作为输入还是输出由所用的指令来决定。

（2）单片机 I/O 端口在输入之前一定要先“准备”，即要先输出“0FF”这个数。

想一想，做一做

现在把本次任务中的要求改一下，要求大家实现单片机对 8 个 LED 的亮灭闪烁控制，试试看，你能完成吗？所需元件清单如表 1-2-3 所示。

表 1-2-3　元件清单

元件名称	型　号	数　量	Proteus 中的名称
单片机芯片	AT89C51	1片	AT89C51
晶振	12 MHz	1个	CRYSTAL
电容	22 pF	2个	CAP
电解电容	22 μF	2个	CAP-ELEC
发光二极管		8个	LED-RED
电阻	220 Ω；1 kΩ；8.2 kΩ		RES

任务 1-3　解剖单片机

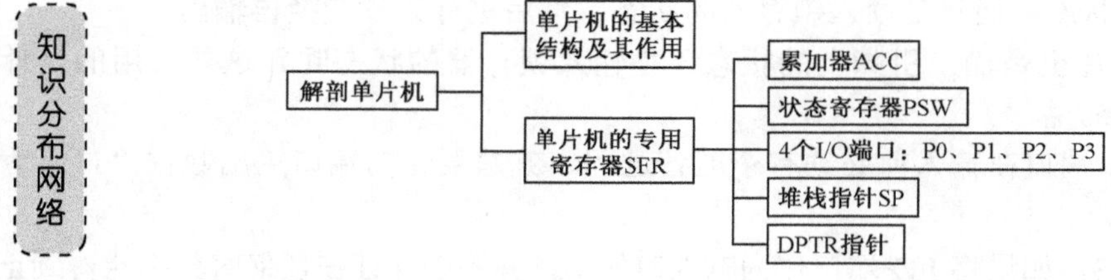

1. 单片机的结构

通过前面的学习，已知单片机的内部有 ROM、RAM 及并行 I/O 端口，那么除了这些东西之外，单片机内部还有什么？这些零碎的东西是怎么连在一起的？下面对单片机内部做一个完整的分析，请看图 1-3-1。

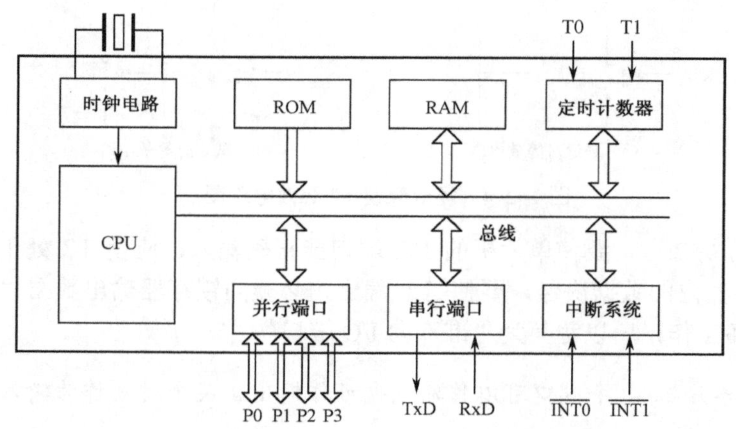

图 1-3-1　单片机结构框图

从图 1-3-1 中可以看出，在 51 单片机内部主要有以下几个功能单元：CPU、并行端口（也称 I/O 端口）、存储器（ROM 和 RAM）、时钟电路、定时计数器、中断系统、串行端口、总线。怎样来理解这些功能单元呢？其实可以把单片机和人做一个类比，大家就明白了。

人最重要的器官是什么？当然是人的大脑，人需要它来进行思考、计算，而单片机也有一个自己的大脑，它就是 CPU。它可以完成计算、控制等操作，就像人的大脑一样。那么人的大脑是怎样与外界进行交流的呢？外界的信息怎样送到大脑里？大脑里想的怎样让别人知道？这些功能是通过眼、耳、口、鼻等感觉器官来实现的，单片机也有自己的眼、耳、口、鼻，就是 4 个并行 I/O 端口，分别是 P0、P1、P2、P3，通过它们，单片机可以将数据传给外部电路，也可以将外部数据送到 CPU 中。人在进行计算时，要有草稿纸，还需要有笔记本做记录，单片机也有自己的草稿纸和笔记本，那就是存储器（ROM 与 RAM）。ROM 用来存放程序，RAM 用来存放中间结果。单片机的总线又是什么呢？它相当于人的神经网络，眼、耳、口、鼻与大脑之间的信息交流就靠它了，单片机 CPU 与 I/O 端口之间的数据信息交流就是由总线来完成的。时间观念对人来说是很重要的，人们是通过手表来确定时间的，单片机同样需要一块手表，它就是时钟电路，通过时钟电路产生一定周期的矩形波，单片机就是靠这个矩形波来确定时间的。定时计数器就像人的闹钟，用来确定时间。串行端口就像人的电话，可以实现一个单片机与另一个单片机的相互通信，而中断就相当于报警装置，可以对一些紧急情况进行监控。这些结构会在后面的任务中再详细介绍，这里大家只要基本了解一下即可。

2. 专用寄存器 SFR

在单片机中有一些独立的存储单元具有特殊的功能，通过对这些存储器的某些位设置 1 或 0，就可以完成单片机内部一些硬件设备的启动、关闭或对其工作方式的设置，有些还能反映单片机的工作状态，称为特殊功能寄存器（SFR），也叫专用寄存器。本教材实际上很重要的一个内容就是学习这些专用寄存器的功能与应用。事实上，前面已接触过 P1 这个专用寄存器了，还提到过 PSW 这个专用寄存器，那么还有哪些 SFR 呢？请看表 1-3-1。

表 1-3-1　专用寄存器（SFR）表

符　号	地　址	功 能 介 绍
B	F0H	B 寄存器
ACC	E0H	累加器
PSW	D0H	程序状态字寄存器
IP	B8H	中断优先级控制寄存器
P3	B0H	P3 口锁存器
IE	A8H	中断允许控制寄存器
P2	A0H	P2 口锁存器
SBUF	99H	串行端口锁存器
SCON	98H	串行端口控制寄存器
P1	90H	P1 口锁存器
TH1	8DH	定时计数器 1（高 8 位）

续表

符　号	地　址	功 能 介 绍
TH0	8CH	定时计数器 0（高 8 位）
TL1	8BH	定时计数器 1（低 8 位）
TL0	8AH	定时计数器 0（低 8 位）
TMOD	89H	定时计数器方式控制寄存器
TCON	88H	定时计数器控制寄存器
DPH	83H	数据地址指针（高 8 位）
DPL	82H	数据地址指针（低 8 位）
SP	81H	堆栈指针
P0	80H	P0 口锁存器
PCON	87H	电源控制寄存器

先介绍一下几个常用的 SFR，其他的 SFR 在后面的任务中再慢慢学习。

（1）ACC：累加器，通常用 A 表示。它是一个寄存器，而不是一个做加法的器件。为什么给它这么一个名字呢？或许是因为在运算器进行运算时其中一个数一定是在 ACC 中的缘故吧。它的名字特殊，身份也特殊，下一个项目将学到指令，可以发现，所有的运算类指令都离不开它。

（2）B：B 寄存器。在运算乘、除法时存放乘数或除数。

（3）PSW：程序状态字寄存器。这是一个很重要的寄存器，里面的数据反映了 CPU 工作时的很多状态，它的各位功能请看表 1-3-2。

表 1-3-2　PSW 结构表

D7	D6	D5	D4	D3	D2	D1	D0
C	AC	F0	RS1	RS0	OV	F1	P

下面逐一介绍各位的用途。

① C（有些书上也称为 CY）：最高位进位标志。8051 中的运算器是一种 8 位的运算器，也就是说单片机可以实现两个 8 位二进制数的加减运算。在进行加减时，如果最高位向前有进位和借位，C 就会被置为 1。

例 1-1　78H+97H（01111000B+10010111B）运算后，最高位进位标志 C 就会被置为 1。

② AC：半进位标志。两个 8 位二进制数在进行加减时，如果第 4 位向前有进位和借位，AC 就会被置为 1。

例 1-2　57H+3AH（01010111B+00111010B）运算后，半进位标志 AC 就会被置为 1。

③ F0：用户标志位，由编程人员决定什么时候用，什么时候不用。

④ RS1、RS0：工作寄存器组选择位。

⑤ OV：溢出标志位。

⑥ F1：保留位，无定义。

⑦ P：奇偶校验位。它用来表示累加器 ACC 中二进制数中“1”的个数的奇偶性。若 ACC 中 1 的个数为奇数，则 P 为 1，否则为 0。

例 1-3 某运算使得 ACC 中的结果是 78H（01111000B），显然 1 的个数为偶数，所以 P=0。

（4）DPTR（DPH、DPL）：数据指针，可以用它来访问外部数据存储器中的任意单元，也可以作为通用寄存器。

（5）P0、P1、P2、P3：4 个并行输入/输出口的寄存器，它里面的内容对应着引脚的输出。

（6）SP：堆栈指针。

堆栈介绍：日常生活中，家里洗的碗，一只一只摞起来，最晚放上去的放在最上面，而最早放上去的则放在最下面，在取的时候正好相反，先从最上面取，这种现象用一句话来概括，就是“先进后出，后进先出”。建筑工地上堆放的砖头、材料，仓库里放的货物，也都是“先进后出，后进先出”，这实际是一种存取物品的规则。在单片机中存取的“物品”实际上就是一些数据，这种存取数据的规则称为“堆栈”。

在单片机中，也可以在 RAM 中构造这样一个区域来存放数据，这个区域存放数据的规则就是“先进后出，后进先出”，称为“栈”。为什么需要这样存放数据呢？存储器本身不是可以按地址来存放数据吗？对，知道了地址的确就可以知道里面的内容，但如果需要存放的是一批数据，每一个数据都需要知道地址，那不是很麻烦吗？如果让数据一个接一个地放置，那么只要知道第一个数据所在的地址单元就可以了（见图 1-3-2）。如果第一个数据在 27H，那么第二、三个就在 28H、29H。所以，利用栈这种结构来存取数据可以简化操作。

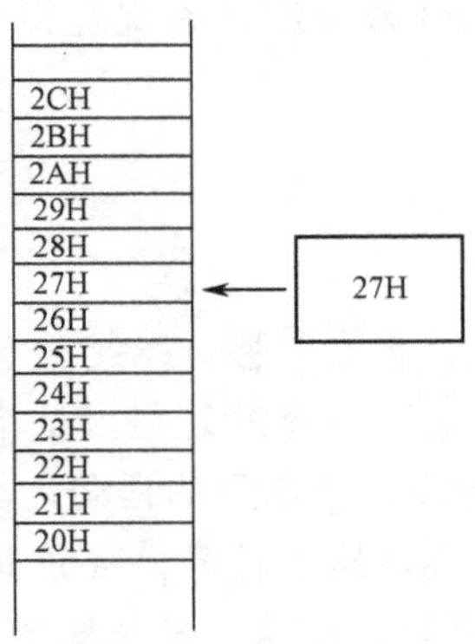

图 1-3-2 SP 的作用

那么 51 单片机中的栈在什么地方呢？单片机在 RAM 中开辟一块空间用于堆栈，但是用 RAM 的哪一块呢？还是不好定，因为 51 单片机是一种通用的单片机，各人的实际需求各不相同，有人需要多一些栈，而有人则不需要那么多，所以怎么分配都不合适，那么怎样解决这个问题？把分的权利给用户（编程者），根据自己的需要去定，所以 51 单片机中栈的位置是可以变化的。

这种变化体现在 SP 中值的变化，SP 中的值为多少，单片机就从相应编号（地址）的 RAM 处开始存储数据，进行堆栈操作。SP 有点像一个指针，它里面专门装存储器的地址（编号），它装的地址为多少，就指向这个地址编号的存储器。例如，SP 中的值等于 27H，相当于一个指针指向 27H 单元。看图 1-3-2，单片机执行堆栈时就从这个存储单元开始进行。当然，在真正的 51 单片机中，开始指针所指的位置并非就是数据存放的位置，而是数据存放的前一个位置。比如一开始指针是指向 27H 单元的，那么第一个数据的位置就是 28H 单元，而不是 27H 单元。

其他的 SFR 在用到时再介绍。

3. 单片机程序指令的执行

单片机为什么可以一条一条地执行程序指令？在前面的任务中给出的一条条指令经过翻译后变成二进制数的机器语言，通过编程器放入单片机的程序存储器中，那么单片机为什么可以自动地、一条条地执行这些指令呢？原来在单片机内部还有一个特殊的指针 PC。

其实所谓指针就是一种特殊的存储器，它所存的内容是其他存储单元的地址（也就是前面说的编号），它里面放的编号为多少，它就指向对应的存储单元，选中那个存储单元。刚才讲的 SP 指针是指向数据存储器的，在下一章还会接触到几个可以指向数据存储器的指针，它们都可以装入单片机数据存储器（RAM）的地址编号，选中某个数据存储单元。

这里讲的 PC 指针也是一个特殊的存储器，它里面装的是存储单元的地址编号，但与刚才所讲的指针不同的是，它存的是程序存储器（ROM）的地址编号，指向的是某个装指令的程序存储器，当它指向某个 ROM 存储单元时，单片机就将这个存储单元中存储的指令取出来执行，而且单片机每执行完一条指令，会自动地增加 PC，使 PC 指针自动地指向下一条要执行的指令。注意，这个过程是自动的，不用人们操心，这样单片机就可以自动地从程序的开头一条一条地执行指令。

小贴士 单片机复位后，PC 里的值为 00H，也就是指向第一个程序存储单元，从这个存储单元开始执行程序指令。

知识梳理与总结

（1）掌握常用型号单片机的特点，重点掌握 AT89C51 单片机的可反复写入程序的特点。

（2）通过任务 1-2 学习单片机电路的开发过程，这个内容在后面每章的各个任务中都要用到。其中用 2 条控制单片机引脚高、低电平的语句，分别为 P1_0=0 和 P1_0=1。

（3）Proteus 软件用来搭接单片机电路和仿真，要注意在搭接单片机硬件电路时单片机的 4 个基本连接的方法，即电源与接地的连接、复位脚的连接、晶振电路的连接、EA 引脚的连接，所有单片机电路要正常工作都必须有这 4 个基本连接。

（4）Keil 软件用来得到单片机程序文件，它的基本操作要注意，新建一个程序文件时先要关闭所有项目；程序编辑完存盘时，因为我们用的是汇编语言，所以一定要存为.C 格式的文件；最后编译得到的可下载到芯片中的文件为 HEX 格式文件。

（5）单片机的存储器结构是一个非常重要的内容，而片内数据存储器中的专用寄存器（21 个）是本书学习的重点，本章对以下常用的专用寄存器的功能做了介绍，分别是

ACC、P0、P1、P2、P3、PSW、SP、DPTR 等。

练习题 1

1．试说明单片机中存储器的分类及其各自的作用。

2．试说明单片机由哪几部分组成，以及它们的作用。

3．请在任务 1-2 的硬件和软件基础上做一定的修改，使之能实现 8 个 LED 的亮灭闪烁。

项目2

让单片机听我的话——C语言

教学导航

知识目标	1. C51程序的基本结构； 2. 标识符与关键字； 3. 数据类型； 4. 常量与变量； 5. 存储器类型； 6. 常用的运算符； 7. 基本语句； 8. 数组与指针； 9. 函数
能力目标	1. 单片机常用语句的灵活运用； 2. 七段数码管显示字形码的使用； 3. 数据表格的建立方法； 4. 掌握用查表指令实现七段数码管的软件译码方法； 5. P0口上拉电阻的正确连接； 6. 数码管显示电路的连接； 7. 掌握单片机中用除法将一个数各位转化为BCD码的方法； 8. 开关电路的使用； 9. 掌握读I/O端口的锁存器； 10. 掌握读I/O端口的引脚的区别； 11. 可编写较复杂的流水灯变化控制程序； 12. 掌握单片机子程序的编写及调用方法； 13. 掌握单片机延时程序的编写方法； 14. 掌握循环程序循环次数控制的方法； 15. 初步掌握单按键电路的结构及相关编程方法
重点、难点	1. 数组与指针的应用； 2. 数据类型的应用； 3. 延时子程序的编写； 4. 数码管的开关和按键、发光二极管电路的连接与程序编写
推荐教学方式	尽量在实验室中采用“一体化”教学，将知识与技能分解到本章中的各个任务中，结合Proteus软件强大的硬件仿真功能，与学生在计算机上共同完成各项任务，实现知识与技能的传授
推荐学习方式	注意每个项目中所涉及的知识点的分析与讲解，与具体的项目任务结合起来学习。一边看，一边在计算机上实践，做学结合，可以收到事半功倍的效果

在上一个项目讲到，要让单片机按照要求工作，必须通过命令控制。单片机 C 语言实现控制方式非常灵活，需要同学们灵活掌握与运用。下面让我们走入单片机的语言世界，看看怎样才能让单片机听我们的话。

任务 2-1 认识 C 语言

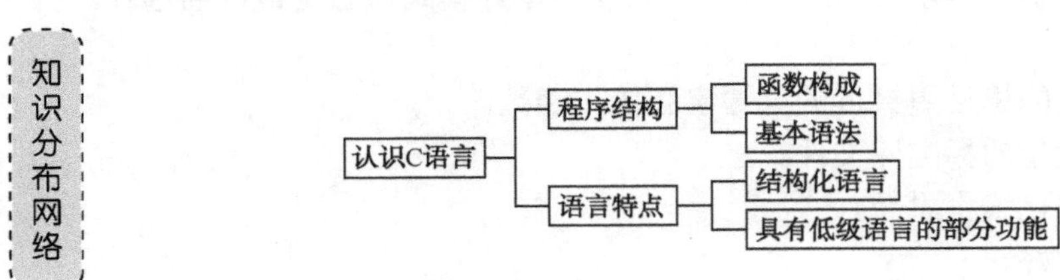

子任务 2-1-1 C 语言程序

1. 任务目标

（1）掌握 C 语言的程序结构；
（2）掌握 C 语言的语言特点。

2. 相关知识

对于任务 1-2 中控制单灯闪烁的 C 语言程序 1-2-1.c，在 1-2-1.c 源程序中，第 1、2 行是对程序进行的简要说明，包括程序名称和功能。"//"是单行注释符号，通常用从该符号开始直到一行结束的内容来说明相应语句的意义，或者对重要的代码行、段落进行提示，方便程序的编写、调试及维护工作，提高程序的可读性。程序在编译时，不对这些注释内容做任何处理。

小贴士 C 语言的另一种注释符号是"/*　　*/"。在程序中可以使用这种成对注释进行多行注释，注释内容从"/*"开始，到"*/"结束，中间的注释文字可以是多行文字。

第 3 行是 C 语言程序的预处理部分。文件包含语句，表示把语句中指定文件的全部内容复制到此处，与当前的源程序文件链接成一个源文件。

#include "reg51.h"语句中指定的包含文件 reg51.h 是 Keil C51 编译器提供的头文件，保存在文件夹"Keil/C51/inc"下，该文件包含了对 51 单片机专用寄存器 SFR 和部分位名称的定义。

在 reg51.h 文件中定义了下面语句：

```
sfr P1=0x90;
```

该语句定义了符号 P1 与 51 单片机内部 P1 口的地址 0x90 对应。程序中所用的符号 P1 是指 51 单片机的 P1 口。

1）C 与 C51

C 语言具有良好的可读性、可移植性和基本的硬件操作能力。C51 是以 C 语言为基础的，在结构、定义及函数的表达式等方面两者相同，不同的是 C51 的寄存器、位操作、数

据分区等表述应用方式。

单片机不能直接执行 C51 程序，执行前必须经过编译，形成相应的可执行代码。目前开发的编译器种类繁多，并非所有的 C51 编译器都产生高效代码。

（1）C51 编译器。

Keil 编译器效率很高，它支持浮点和长整数、重入和递归，支持 DOS 和 Window 环境，但它不提供库源代码，只能产生混合代码。若使用单片模式，它是最好的选择。

（2）C51 的特点。

① C 语言采用与人的思维更接近的关键字和操作函数。

② C 语言提供了大量的标准库文件。

③ C 语言采用模块化编程思想。

④ C 语言可移植性好。

⑤ 通用性好。

⑥ 寄存器分配和寻址方式由编译器进行管理。

很多系统特别是实时时钟系统都是用 C 语言和汇编语言联合编写的，尤其是对时序要求很严格的驱动程序来说，使用汇编语言是唯一的方法。

2）C51 程序的基本结构

（1）结构形式。

```
include< >                      /* 预处理命令*/
hanshu1( )                      /* 功能子函数 1*/
{     函数体 1
}
hanshu2( )                      /* 功能子函数 2 */
{     函数体 2
}
⋮
hanshun( )                      /* 功能子函数 n */
{     函数体 n
}
main( )                         /* 主函数 */
{     主函数体
}
```

（2）结构说明。

函数是 C 语言程序的基本单位，一个 C 语言程序可包含多个不同功能的函数，但一个 C 语言程序中只能有一个且必须有一个名为 main( )的主函数。主函数的位置可在其他功能函数的前面、之间或最后。当功能函数位于主函数的后面位置时，在主函数中调用时，必须先声明。C 语言程序总是从 main( )主函数开始执行的。主函数可通过直接书写语句或调用功能子函数来完成任务。功能子函数可以是 C 语言本身提供的库函数，也可以是用户自己编写的函数。

C51 程序书写格式自由，一行内可以写几个语句，分号是 C51 语句的重要组成部分，每个语句和数据定义（函数除外）的最后必须有一个分号。可以用“//”在每一行进行注释，也可以用"/*……*/"对 C51 程序中的任何部分进行注释。

（3）库函数与自定义函数。

库函数是针对一些经常使用的算法，经前人开发、归纳、整理形成的通用功能子函数。Keil C51 内部有数百个库函数，可供用户调用。调用 Keil C51 的库函数时只需要包含具有该函数说明的相应头文件即可，如#include<reg51.h>。当使用不同类型的单片机时，可包含其相应的头文件。若无专门的头文件，则首先应包含典型的头文件，即 reg51.h，其他新增的功能符号直接用 sfr 语句定义其地址。

3）标识符与关键字

（1）标识符。

标识符是用来标识源程序中某个对象的名字的，这些对象可以是语句、数据类型、函数、变量、常量、数组等。

一个标识符由字符串、数字和下画线组成，第一个字符必须是字母和下画线，通常以下画线开头的标识符是编译系统专用的，因此在编写 C 语言源程序时一般不使用以下画线开头的标识符，而将下画线作为分段符。C51 编译器在编译时，只对标识符的前 32 个字符进行编译，因此在编写源程序时标识符的长度不要超过 32 个字符。在 C 语言程序中，字母是区分大小写的。

（2）关键字。

关键字是编程语言保留的特殊标识符，也称为保留字，它们具有固定名称和含义。在 C 语言程序编写过程中，不允许标识符与关键字相同。

4）数据类型

数据类型决定其取值范围、占用存储器的大小及可参与哪种运算。C51 的数据结构是由数据类型决定的，数据类型可分为基本数据类型和复杂数据类型，复杂数据类型是由基本数据类型构造而成的。C51 编译器支持的数据类型如表 2-1-1 所示。

表 2-1-1 C51 编译器支持的数据类型

数据类型	长　度	值　域
unsigned char	单字节	0～255
signed char	单字节	-128～+127
unsigned int	双字节	0～65 535
signed int	双字节	-32 768～+32 767
unsigned long	4 字节	0～4 294 967 295
signed long	4 字节	-2 147 483 648～+2 147 483 647
float	4 字节	±1.175494E-38～±3.402823E+38
*	1～3 字节	对象的地址
bit	位	0 或 1
sfr	单字节	0～255
sfr16	双字节	0～65 535
sbit	位	0 或 1

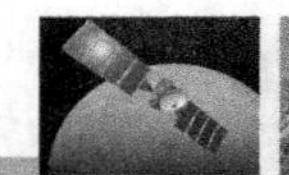

在选择数据类型时，若能预算出变量的变化范围，则可根据变量长度来选择变量的类型，尽量减少变量的长度。如果程序中不需要使用负数，则选择无符号数类型的变量。如果程序中不需要使用浮点数，则要避免使用浮点数变量。

C51 和标准 C 语言的区别如下。

（1）C 语言的基本数据类型有 char、int、short、long、float、double 六种类型。C51 不支持复杂的双精度浮点运算（double）。

（2）C51 的 float 也与标准 C 语言一样符合 IEEE—754 标准，但 float 的使用和运算需要调用数学库“math.h”函数的支持。

（3）C51 变量中的存储模式与标准 C 语言中的变量的存储模式不相同。

（4）C51 语言与标准 C 语言的输入/输出处理不相同。

数据类型的转换：不同类型的数据是可以相互转换的，可以通过赋值或者强制转换。在 C51 程序的表达式或变量的赋值运算中，有时会出现运算对象的数据类型不一样的情况，C51 程序允许在标准数据类型之间隐式转换，隐式转换按以下优先级别（由低到高）自动进行：bit→char→int→long→float→signed→unsigned。一般来说，如果有几个不同类型的数据同时运算，先将低级别类型的数据转换成高级别类型再做运算处理，并且运算结果为高级别类型的数据。

5）常量与变量及存储器类型

（1）常量。

C51 语言中的常量是不接受程序修改的固定值，常量可以是任意的数据类型。C51 中的常量有整型常量、实型常量、字符型常量、字符串常量、符号常量等。

① 整型常量。在整型常量后加一个字母“L”或“l”，表示该数为长整型，如 23L、0Xfd4l 等。如果需要的是负值，则必须将负号“-”放于常量表达式的最前面，如-0x56、-9 等。

② 实型常量。实型常量又称浮点常量，是一个十进制数表示的符号实数。实型常量的值包括整数部分、尾数部分和指数部分。实型常量的形式如下：

```
[digits][.digits][E[+/-]digits]
```

一些实型常量的示例如下：15.75、1.575E1、1575E-3、-0.0025、-2.5e-3、25E-4。

③ 字符型常量。字符型常量是指用一对单引号括起来的一个字符，如'a'、'9'、'!'等。字符常量中的单引号只起定界作用，并不表示字符本身。在 C51 语言中，字符是按其对应的 ASCII 码值来存储的，1 个字符占 1 字节。

④ 字符串常量。字符串常量是指用一对双引号括起来的一串字符，双引号只起定界作用，如"China"、"123456"等。

⑤ 符号常量。C51 语言允许将程序中的常量定义为一个标识符，称为符号常量。符号常量一般用大写英文字母表示，以区别于一般用小写字母表示的变量。符号常量在使用前必须先定义，定义的形式是：

```
#define  标识符  常量
#define  PI  3.1415926
```

（2）变量。

根据变量的作用范围，变量可以分为全局变量和局部变量。根据变量的存储类型，变量可以分为静态存储变量与动态存储变量。

① 局部变量。局部变量是指函数内部或以花括号“{}”围起来的功能块内部所定义的变量，也可以称为内部变量。局部变量只在定义它的函数或功能块内有效，在该函数或功能块以外不能使用它。局部变量可以与全局变量同名，但在这种情况下局部变量的优先级较高，而同名的全局变量在该功能块内暂时被屏蔽。

局部变量可以分为动态局部变量和静态局部变量，使用关键词 auto 定义动态局部变量（auto 可以省略），使用关键词 static 定义静态局部变量，例如：

```
auto   int   a;
static   unsigned   char   j;
```

动态局部变量在程序执行完毕后其存储空间被释放，而静态局部变量在程序执行完成后其存储空间并不释放，而且其值保持不变。如果该函数再次被调用，则该函数初始化后其初始值为上次的数值。

动态局部变量和静态局部变量的区别如下：

a．动态局部变量在函数被调用时分配存储空间和初始化，每次函数调用时都需要初始化；静态局部变量在编译程序时分配存储空间和初始化，仅初始化一次。

b．动态局部变量存放在动态存储区，在每次退出所属函数时释放；静态局部变量存放在静态存储区，每次调用后函数不释放，保持函数执行完毕之后的数值到下一次调用。

② 全局变量。全局变量是指在程序开始处或各个功能函数的外面所定义的变量，又称为外部变量。在程序开始处定义的变量在整个程序中有效，可供程序中所有的函数共同使用；在各功能函数外面定义的全局变量只对定义处开始往后的各个函数有效，只有从定义处往后的各个功能函数可以使用该变量。如果定义点之前的函数要访问该变量，则需要使用 extern 关键词对该变量进行声明，如果全局变量声明文件之外的源文件要访问该变量，也需要使用 extern 关键词进行声明。

全局变量的特点：

a．全局变量是整个文件都可以访问的变量，可以用于在函数之间共享大量的数据，存在周期长，在程序编译时就存在。如果两个函数需要在不互相调用时共享数据，则可以使用全局变量进行参数传递。

b．C51 语言程序的函数只支持一个函数返回值，如果一个函数需要返回多个值，除了使用指针外，还要使用全局变量。

c．使用全局变量进行参数传递可以减少从实际参数向形式参数传递时所必需的堆栈操作。

d．在一个文件中，如果某个函数的局部变量和全局变量同名，则在这个局部变量的作用范围内全局变量不起作用，局部变量起作用。

e．全局变量一直存在，占用了大量的内存单元，并且加大了程序的耦合性，不利于程序的移植或复用。

f．静态局部变量的作用范围仅仅是在定义的函数内，不能被其他函数访问；全局变量

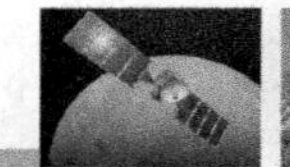

的作用范围是整个程序；静态全局变量的作用范围是该变量定义的文件。

g．静态局部变量是在函数内部定义，全局变量是在所有函数外定义。

h．静态局部变量仅仅在第 1 次调用时被初始化，再次调用时使用上次调用结束时的数值；全局变量在程序运行时建立，值为最近一次访问该全局变量的语句执行的结果。

另外，main()函数虽然是.c 文件的主文件，但也是一个函数，在其内部定义的变量也属于局部变量。全局变量一般在.c 文件的开始部分定义或在.h 文件中定义，由.c 文件引用。C51 语言程序多使用全局变量传递参数，因为这样可以降低程序处理的难度，加快程序执行的速度，提高程序的时效性。

（3）存储器类型。

在使用一个变量或常量之前，必须先对该变量或常量进行定义，指出它的数据类型和存储器类型，以便编译系统为它们分配相应的存储单元。

在 C51 中对变量的定义格式为：

```
[存储种类]  数据类型  [存储器类型]  变量名表
```

例如：

```
auto  char  data  i;        //定义 8 位变量 i，放在片内
                            //直接寻址区：00～7F 区，读取速度快
float  idata  x;            //定义 32 位变量 x，放在间接寻址区 00FF 区
bit   bdata  flags;         //定义位变量 flags，放在位寻址区
```

① 变量的存储种类。变量的存储种类有 4 种，分别为：auto（自动）、extern（外部）、static（静态）、register（寄存器）。

② Keil C 支持的存储器类型。Keil C 支持的存储器类型如表 2-1-2 所示。

表 2-1-2　Keil C 支持的存储器类型

存储器类型	说　明	
bdata	片内 RAM	可位寻址内部数据存储器（16 B）
data		直接访问内部数据存储器（128 B）
idata		间接访问内部数据存储器（256 B）
pdata	片外 RAM	分页访问外部数据存储器（256 B）
xdata		外部数据存储器（64 KB）
code	ROM	程序存储器（64 KB）

a．data 存储器类型。data 区的寻址是最快的，所以应该把经常使用的变量放在 data 区，但是 data 区的空间是有限的，data 区除了包含程序变量外，还包含堆栈和寄存器组。data 区声明中的存储类型标识符为 data，通常指片内 RAM 的低 128 字节的内部数据存储的变量，可直接寻址。

b．bdata 存储器类型。bdata 实际是 data 中的位寻址区，在这个区中声明变量就可以进行位寻址。位变量的声明对状态寄存器来说是十分有用的，因为它可能仅仅需要某一位，而不是整个字节。bdata 区声明中的存储类型标识符为 bdata，指内部可位寻址的 16 字节存

储区（20H～2FH），数据类型是可位寻址变量的数据类型。

c．idata 存储器类型。idata 区也可以存放使用比较频繁的变量，使用寄存器作为指针进行寻址。idata 区声明中的存储类型标识符为 idata，指内部的 256 字节的存储区，但是只能间接寻址，速度比直接寻址慢。

d．pdata 区和 xdata 区。pdata 区和 xdata 区属于外部数据存储区，外部数据存储区是可读可写的存储区，最多可以有 64KB。在这两个区，变量的声明与在其他区的语法是一样的，但 pdata 区只有 256 字节，而 xdata 区可达 65536 字节。

外部地址段中除了包含存储器地址外，还包含 I/O 器件的地址。对外部器件寻址可以通过指针或 C51 提供的宏，使用宏对外部器件 I/O 端口进行寻址更具可读性。

e．code 程序存储区。程序存储区的数据是不可改变的，跳转向量和状态表对 code 段访问和对 xdata 区访问的时间是一样的。编译的时候要对程序存储区中的对象进行初始化，否则就会产生错误。程序存储区 code 声明的标识符为 code，在 C51 语言编译器中可以用 code 存储区类型标识符来访问程序存储区。

③ Keil C 编译器的编译模式与默认存储器类型。经常使用的变量应该置于片内 RAM 中，要用 bdata、data、idata 来定义。不经常使用的变量或规模较大的变量应该置于片外 RAM 中，要用 pdata、xdata 来定义。存储类型为可选项，如果不做存储类型的定义，默认存储器类型由编译控制命令的存储模式指令限制。存储类型与存储空间的对应关系如表 2-1-3 所示。

表 2-1-3　存储类型与存储空间的对应关系

存储模式	默认存储类型	特　点
SMALL	data	小模式。变量默认在片内 RAM。空间小，速度快
COMPACT	pdata	紧凑模式。变量默认在片外 RAM 的页（256 字节，页号由 P2 口决定）
LARGE	xdata	大模式。变量默认在片外 RAM 的 64 KB 范围。空间大，速度慢

例如：

```
char    v;
//在 SMALL 模式下，v 被定位在 data 区
//在 COMPACT 模式下，v 被定位在 pdata 区
//在 LARGE 模式下，v 被定位在 xdata 区
```

a．SMALL。变量被定义在 8051 单片机的内部数据存储器 data 区中，因此对这种变量的访问速度最快。另外，所有的对象，包括堆栈，都必须嵌入内部数据存储器。

b．COMPACT。变量被定义在外部数据存储器 pdata 区中，外部数据段长度可达 256 字节。这时对变量的访问是通过寄存器间接寻址（MOVX　@Ri）实现的。采用这种模式编译时，变量的高 8 位地址由 P2 口确定。因此，在采用这种模式的同时，必须适当改变启动程序 STARTUP.A51 中的参数——PDATASTART 和 PDATALEN。用 L51 进行连接时还必须采用控制命令 PDATA 对 P2 口地址进行定位，这样才能确保 P2 口为所需要的高 8 位地址。

c．LARGE。变量被定义在外部数据存储器 xdata 区中，使用数据指针 DPTR 进行访问。这种访问数据的方法效率是不高的，尤其是对于两个或多个字节的变量，用这种数据

访问方法对程序的代码长度影响非常大。另外一个不便之处是数据指针不能对称操作。

（4）MCS-51 单片机特殊功能寄存器变量的定义。

① 使用关键字 sfr 定义。

```
sfr 特殊功能寄存器名字=特殊功能寄存器地址;
```

例如：

```
sfr SCON=0x98;
        /*串口控制寄存器地址 98H*/
sfr TMOD=0x89;
        /*定时器/计数器方式控制寄存器地址 89H*/
```

② 通过头文件访问 SFR。

```
#include <reg51.h>
      //使用的单片机为 Intel 公司的 MCS-51
void   main(void)
{     TL0=0xB0;
      TH0=0x3C;
      TR0=1;    //启动定时器 0
       ...}
```

③ SFR 中的位定义。

在 51 里，利用 sbit 可访问 RAM 中可寻址位或 SFR 中可寻址位。

如果直接写 P1.0，C 编译器并不能识别，而且 P1.0 也不是一个合法的 C 语言变量名，所以得给它另起一个名字，如 P1_0。可是 P1_0 是不是就是 P1.0 呢？C 编译器可不这样认为，所以必须给它们建立联系，这里使用了 Keil C 的关键字 sbit 来定义，sbit 的用法有以下三种。

第一种方式：

```
sbit 位变量名=特殊功能寄存器名^位的位置（0～7 有效）
```

例如：

```
sfr PSW=0xD0;              //定义 PSW
sbit OV=PSW^2;             //定义溢出标志位
```

第二种方式：

```
sbit 位变量名=字节地址^位的位置（0～7）
```

例如：

```
sbit OV=0xD0^2;   / *OV 位地址为 0xD2* /
```

这种方法以一个整常数作为基地址，该值必须在 0x80～0xFF 之间，并能被 8 整除。

第三种方式：

```
sbit 位变量名=位地址
```

这种方法将位的绝对地址赋给变量，地址必须位于 0x80～0xFF 之间。

例如：

```
sbit OV=0XD2;
```

6）常用的运算符

运算符是表示特定的算术或逻辑运算的符号，也称操作符。把需要进行运算的各个量通过运算符连接起来，便构成表达式。

（1）算术运算符。

算术运算符包括：+（加法运算符）、-（减法运算符）、*（乘法运算符）、/（除法运算符）、%（模运算或取余运算符）、++（自增运算符）、--（自减运算符）。

注意 "/" 取结果的整数部分；"%" 取结果的余数部分；"-" 除进行减法外，还可以进行取负操作。"++" 为自增，表示操作数加 1，X++等同于 X=X+1，++X 表示先加 1，再取值；X++表示先取值，再加 1。

（2）关系运算符。关系运算符主要用于比较操作数的大小关系，包括：

<（小于）、<=（小于等于）、>（大于）、>=（大于等于）、= =（等于）、!=（不等于）。

关系运算符用来判断某个条件是否满足，关系运算符的结果只有"真"和"假"两种值。当所指定的条件满足时结果为 1，当条件不满足时结果为 0，1 表示"真"，0 表示"假"。

（3）逻辑运算符。

进行逻辑运算的操作符，包括：&&（逻辑与）、||（逻辑或）、!（逻辑非）。

逻辑运算的结果只有两个，"真"为 1，"假"为 0。

（4）位运算符。

将两个操作数按二进制数展开，然后对应位进行逻辑运算，包括：&（按位与）、|（按位或）、^（按位异或）、～（按位取反）、<<（位左移）、>>（位右移）。

位运算的操作对象只能是整型和字符型数据。这些位运算和汇编语言中的位操作指令十分类似。位操作指令是单片机的重要特点，所以位运算在 C51 语言控制类程序设计中的应用比较普遍。

（5）逗号运算符。

逗号运算符可以将两个或多个表达式连接起来，称为逗号表达式。逗号表达式的一般形式为：

```
表达式 1,表达式 2,表达式 3,…,表达式 n
```

逗号表达式的运算过程为：先算表达式 1，再算表达式 2，…，依次算到表达式 n 为止。

（6）条件运算符。

条件运算符要求有 3 个运算对象，用它可以将 3 个表达式连接起来构成一个条件表达式。条件表达式的一般形式为：

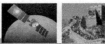

```
表达式1? 表达式2:表达式3
```

其运算过程为：首先计算表达式 1，根据表达式 1 的结果判断，当表达式 1 的结果为“真”（非 0 值）时，将表达式 2 的结果作为整个表达式的值；当表达式 1 的结果为“假”（0 值）时，将表达式 3 的结果作为整个表达式的值。

（7）赋值运算符。

在 C 语言中，最常见的赋值运算符为“=”，利用赋值运算将一个变量与一个表达式连接起来的式子称为赋值表达式，在赋值表达式的后面加“;”便构成了语句。例如：

```
y = 6 ;          //将6赋值给变量y
y = y+5 ;        //变量y的值与5相加后，再回送给y
```

7）数组与指针

C51 语言的构造数据类型主要有数组、指针和结构等。在单片机系统中，数组的应用比较广泛，指针则次之，结构用得相对较少。

（1）数组。

① 一维数组。一维数组的定义格式为：

```
数据类型 [存储器类型] 数组名 [常量表达式];
```

其中，数据类型说明数组中各元素的数据类型；存储器类型是可选项，它指出定义的数组所在的存储空间；数组名是整个数组的变量名；常量表达式说明了该数组的长度，即数组中元素的个数，常量表达式必须用方括号“[]”括起来，而且其中不能含有变量。例如：

```
char  a [60] ;  //定义a数组的数据类型为字符型，数组元素个数为60个
```

② 二维数组。定义多维数组时，只要在数组名后面增加相应于维数的常量表达式即可。二维数组的定义格式为：

```
数据类型 [存储器类型] 数组名 [常量表达式1] [常量表达式2];
```

例如：要定义一个 2 行 3 列的整数矩阵 m，就可以按如下定义。

```
int  m [2][3] ;
```

二维数组常用来定义 LED 或 LCD 显示器显示的点阵码。

③ 字符数组。基本类型为字符型的数组称为字符数组，字符数组是用来存放字符的。字符中每一个元素都是字符，因此可以用字符数组来存放不同长度的字符串。一个一维的字符数组可以存放一个字符串，为了测定字符串的实际长度，C 语言规定以'\0'作为字符串的结束标志，对字符串常量也自动加一个'\0'作为结束符。因此，在定义字符数组时，应使数组长度大于它允许存放的最大字符串长度。

例如：假设要定义一个能存放 9 个字符的字符数组，那么数组的长度至少为 10。

```
char second [10] ;
```

④ 数组元素赋初值。数组的赋值可以通过输入或者赋值语句为单个数组元素赋值来实

现，也可以在定义的同时给出元素的值，即数组的初始化。格式如下：

```
数据类型 [存储器类型] 数组名 [常量表达式] ={常量表达式列表};
```

其中，常量表达式列表中按顺序给出了各个数组元素的初值。例如：

```
uchar code SEG7[10]={0x3f, 0x06,,0x5b, 0x4f, 0x66, 0x6d, 0x7d, 0x07, 0x7f, 0x6f} ;
```

⑤ 数组作为函数的参数。用数组作为函数的参数，应该在主调函数和被调函数中分别进行数组定义，而不能只在一方定义数组。而且在两个函数中定义的数组类型必须一致，如果类型不一致将导致编译出错。实参数组和形参数组的长度可以一致也可以不一致，编译器对形参数组的长度不做检查，只是将实参数组的首地址传递给形参数组。如果希望形参数组能得到实参数组的全部元素，则应使两个数组的长度一致。定义形参数组时可以不指定长度、只在数组名后面跟一个空的方括号“[]”，但为了在被调函数中处理数组元素的需要，应另外设置一个参数来传递数组元素的个数。

（2）指针。

① 指针与地址。C51 中引入了指针类型的数据，指针类型的数据是专门用来确定其他类型数据地址的，因此一个变量的地址就称为该变量的指针。

例如：有一个变量 a，利用&a 表示变量 a 的地址，则语句

```
p = &a;
```

把 a 的地址赋给了指针变量 p，则 p 指向了变量 a。

如果有一个变量专门用来存放另一个变量的地址，则该变量称为指向变量的指针变量（简称指针变量）。

指针变量定义的一般形式为：

```
数据类型  [存储器类型]  *指针变量名
```

其中，指针变量名是定义的指针变量名字。数据类型说明了该指针变量所指向变量的类型。存储器类型是可选项，它是 C51 编译器的一种扩展，其含义同前述其他数据类型的定义。

```
char  data *p          /* 定义指针变量 */
p = 30H                /* 为指针变量赋值，30H 为片内 RAM 地址 */
x = *p                 /* 30H 单元的内容送给变量 x */
```

② 指针变量的引用。指针变量是含有一个数据对象地址的特殊变量，指针变量中只能存放地址。在实际编程和运算过程中，变量的地址和指针变量的地址是不可见的。因此，C 语言提供了一个取地址运算符“&”，使用“&”和赋值运算符“=”就可以使一个指针变量指向一个实际变量。例如：

```
int  t;
int  * pt;  //“*”为指针变量的定义符
pt=&t;     //通过取地址运算和赋值运算后，指针变量 pt 就指向了变量 t
```

③ 数组指针与指向数组的指针变量。指针既可以指向变量，也可以指向数组。其中，

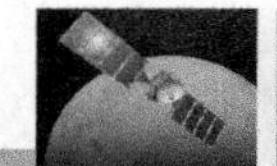

指向数组的指针是数组的首地址，指向数组元素的指针是数组元素的地址。例如：

```
int   x[10] ;
int   * pk ;
pk = &x[0];      /*指针 pk 指向数组 x[]，C 语言规定，数组名代表数组的首地址，故可用语句
                 pk=x 代替 pk = &x[0] */
```

④ 指针变量的运算。先使指针变量 pk 指向数组 x[]（即 pk = x），则指针变量的运算有：

```
pk++（或 pk+=1）；  //将指针变量指向下一个数组元素，即 x[1]
*pk++;             //等价于*(pk++)，取下一个元素的值
*++pk;             /*先使 pk 自加 1，再取*pk 值。若 pk 的初值为&x[0]，则执行 y = *++pk 值
                   时，y 值为[1]的值*/
(*pk)++;           //表示 pk 所指的元素值加 1
```

子任务 2-1-2　单数码管轮流显示十进制数

1. 任务目标

（1）八段数码管显示十进制数的原理；

（2）掌握 P0 口的应用；

（3）掌握实现七段数码管显示的软件译码方法。

2. 任务要求

单数码管轮流显示 0～9 数码。

3. 相关知识

1）八段数码管的基本知识

大家以前在数字电路中应该接触过发光二极管吧？当发光二极管正向导通时，二极管将发光，一般情况下二极管的发光体都是点状的，如果把它做成条状，然后将 8 个这样的条状二极管按图 2-1-1（b）的形式排列在一起，就形成了数码管。八段数码管的引脚图和外形如图 2-1-1 所示。它的内部电路有两种形式，如图 2-1-2 所示，图 2-1-2（a）的 8 个发光二极管的所有正端（阳极）连在一起，形成公共端 COM，称这种数码管为共阳极数码管；图 2-1-2（b）的 8 个发光二极管的所有负端（阴极）连在一起，形成公共端 COM，称这种数码管为共阴极数码管。下面以共阴极数码管为例来说明它的显示原理。

共阴极的数码管，负端连在一起形成 COM 端，大家想想，如果在 COM 端输入一个高电平会怎样？这 8 个发光二极管无论在 8 个输入端输入高电平还是低电平，都不能使这 8 个发光二极管正向导通发光，数码管什么也不会显示。只有当 COM 输入低电平（或接地）时，若在相应输入脚输入一个高电平，则对应的发光二极管才导通发光。通过让 8 个发光二极管某些亮、某些灭，就可以显示出任意一个十进制数码来。可见要想一个共阴极的数码管正常显示，有个前提条件，就是将公共端接地，因此，很多时候将数码管的公共端看成数码管的片选脚，只有当片选脚为有效电平（共阴极数码管为低电平）时，数码管才处于工作状态，才可以正常显示，否则数码管将处于休眠状态，什么都不显示。可以把片选

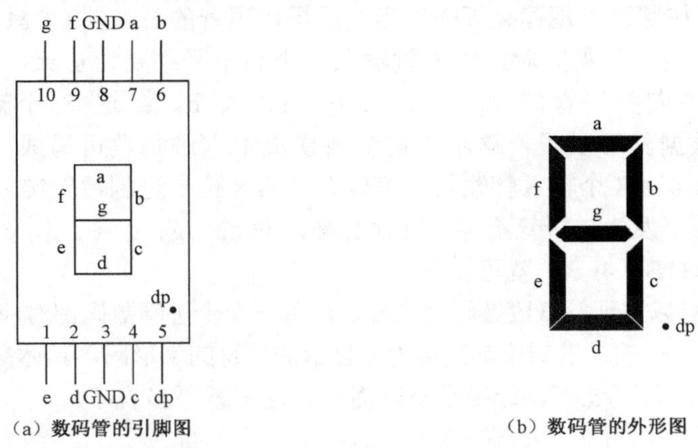

（a）数码管的引脚图　（b）数码管的外形图

图 2-1-1　数码管的引脚图及外形

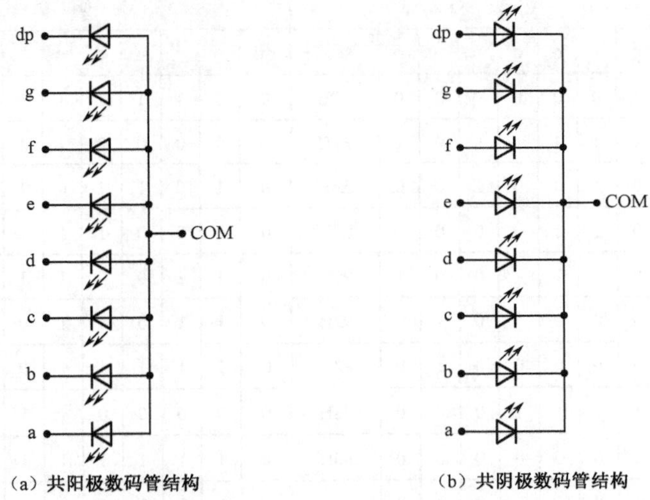

（a）共阳极数码管结构　（b）共阴极数码管结构

图 2-1-2　数码管内部结构图

脚（COM）固定接地，也可通过一根控制线来控制它。

现在来看看数码管究竟是怎样显示数码的，假如要显示“2”这个数，来分析一下应该如何实现。

八段数码管要显示出“2”这个十进制数码，如图 2-1-3 所示，只需要让 8 个发光二极管中的 dp、f 和 c 三个不亮，其他都亮，就可以显示出“2”这个符号出来，那么怎样才能

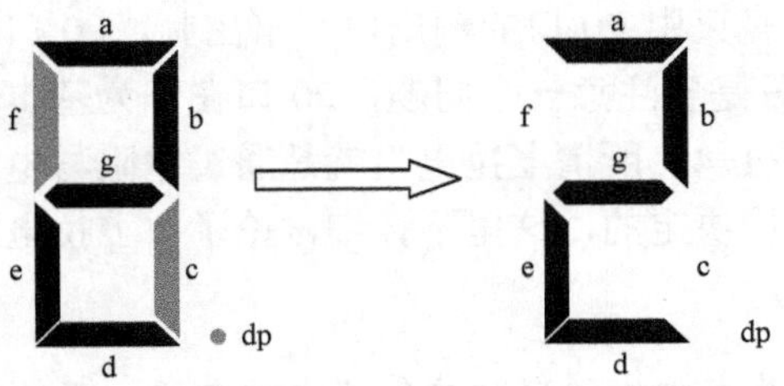

图 2-1-3　数码管显示“2”的原理图

让这 8 个发光二极管按照这个规律亮灭呢？当共阴极数码管的公共端 COM 接低电平时，要想使某段发光二极管亮，只需向对应输入脚输入一个高电平；要让它灭，就输入一个低电平即可。因此，只要向数码管的 dp、g、f、e、d、c、b、a 这 8 个输入脚输入一个 01011011B 的控制数据就可以了，这个二进制数换成十六进制数可写成 5BH。大家试一下，要显示“3”，应向这 8 个输入脚输入一串什么样的 8 位二进制数？实际上，要显示 3，只要让 dp、f、e 这三个发光二极管不亮，其他都亮，向 dp、g、f、e、d、c、b、a 这 8 个输入脚输入一个 01001111B（4FH）就可以了。

通过上面的分析可以发现，八段数码管要显示的每一个十进制数码都对应了一个 8 位的二进制控制数，把这个 8 位的二进制控制数称为要显示的字符的字形码，具体参见表 2-1-4。共阳极数码管原理类似，只不过高、低电平不同而已，这里就不多说了。

表 2-1-4　数码管字形编码表

显示字符	共阳极									共阴极								
	dp	g	f	e	d	c	b	a	字形码	dp	g	f	e	d	c	b	a	字形码
0	1	1	0	0	0	0	0	0	C0H	0	0	1	1	1	1	1	1	3FH
1	1	1	1	1	1	0	0	1	F9H	0	0	0	0	0	1	1	0	06H
2	1	0	1	0	0	1	0	0	A4H	0	1	0	1	1	0	1	1	5BH
3	1	0	1	1	0	0	0	0	B0H	0	1	0	0	1	1	1	1	4FH
4	1	0	0	1	1	0	0	1	99H	0	1	1	0	0	1	1	0	66H
5	1	0	0	1	0	0	1	0	92H	0	1	1	0	1	1	0	1	6DH
6	1	0	0	0	0	0	1	0	82H	0	1	1	1	1	1	0	1	7DH
7	1	1	1	1	1	0	0	0	F8H	0	0	0	0	0	1	1	1	07H
8	1	0	0	0	0	0	0	0	80H	0	1	1	1	1	1	1	1	7FH
9	1	0	0	1	0	0	0	0	90H	0	1	1	0	1	1	1	1	6FH

2）P0 口的应用

上一章介绍了单片机有 4 个 I/O 端口，分别为 P0、P1、P2、P3，它们可以从单片机的相应引脚上输出高、低电平去控制连接在单片机 I/O 脚上的电子元件，也可以作为输入口，将外部的高、低电平情况送入单片机内部，在输入前需要先做个“准备”，即要先送出 0FFH，这些都是前面介绍的。

本次任务中，数码管的亮灭由 P0 口的输出电平来控制，P0 口的基本使用方法与前面讲的 P1 口的用法基本相同，只是要注意一个问题，P0 口在作为基本输出端口时，每个引脚必须接一个上拉电阻。见图 2-1-4。所谓上拉电阻就是通过电阻与电源相连，为什么要上拉电阻？这是由 P0 口的内部结构决定的，这里不详细讨论了。上拉电阻的大小可根据外接电路计算，一般选用 200～300 Ω。

小贴士　只有 P0 口作为基本输出端口时才需要上拉电阻，其他的 I/O 端口都不需要。

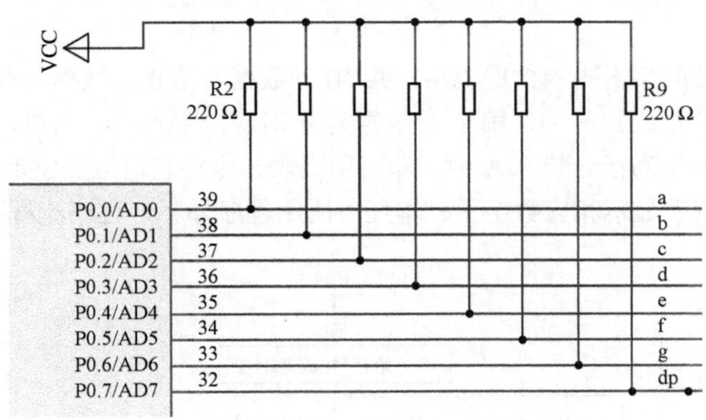

图 2-1-4　P0 口上拉电阻

4. 任务分析

1）硬件电路

本任务中所采用的硬件电路如图 2-1-5 所示。

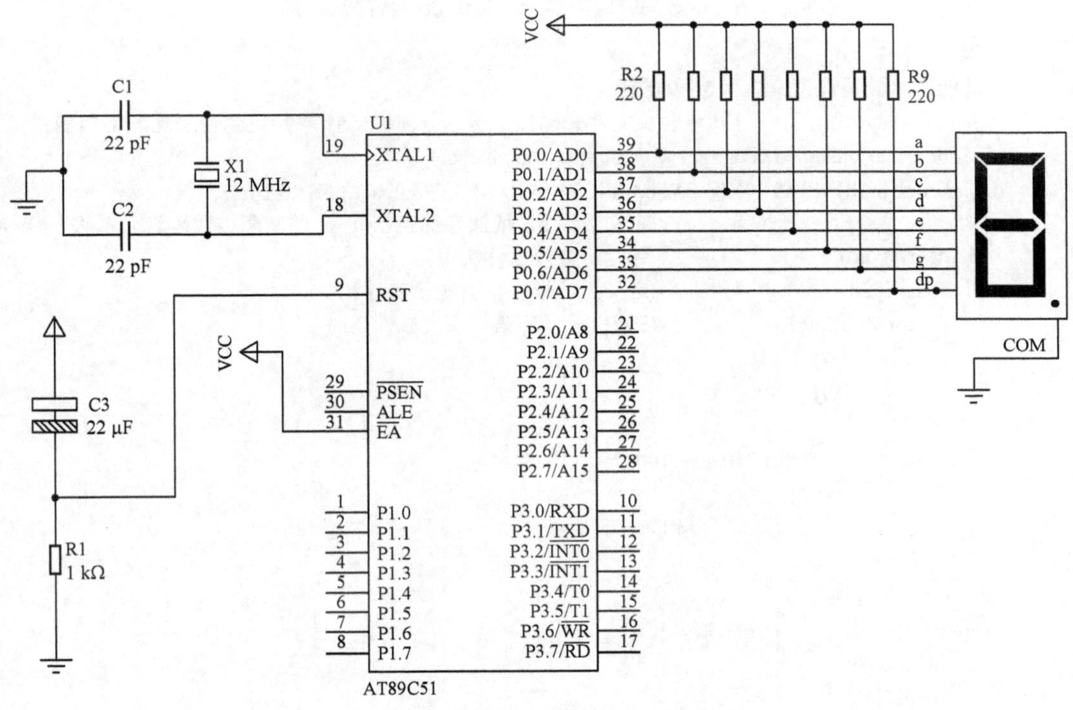

图 2-1-5　单数码管轮流显示十进制数码

数码管是共阴极数码管，由 P0 口输出的 8 位二进制数控制，P0.0 接 a 控制端，P0.1 接 b 控制端，以此类推，最后 P0.7 接 dp 控制端。要让数码管显示某个十进制数码，只需要将它所对应的 8 位字形码从 P0 口输出即可，电阻 R2～R9 是 P0 作为输出时的 8 个上拉电阻，阻值为 220 Ω，共阴极数码管的片选脚公共端 COM 固定接地，一直有效。

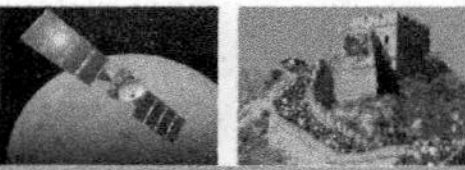

2）程序分析

建立一个十进制数的字形码的数据表格，共10行数据，第0行数据为0对应的字形码，第1行数据为1对应的字形码，……，第9行数据为9对应的字形码，所以，要想显示哪个十进制数，只需要将这个数作为行号装入A中，即可用查表指令将它对应的字形码取出来，经过P0口输出，就可以让数码管显示相应数字了。本任务所用程序如下，程序流程图见图2-1-6。

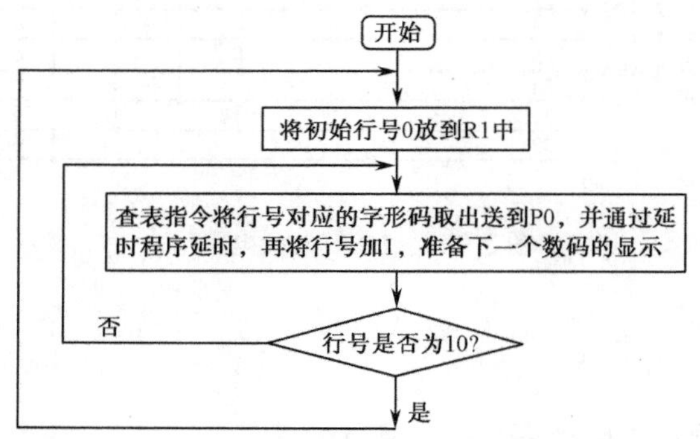

图2-1-6　单数码管轮流显示十进制数码程序流程图

```
//程序：2-1-1.c
//功能：单数码管轮流显示0～9数码
#include <reg51.h>          //包含头文件reg51.h，定义了MCS-51单片机的特殊功能寄存器
#define uchar unsigned char       //宏定义unsigned char
uchar code a[10]={0X3f,0X06,0X5b,0X4f,0X66,0X6d,0X7d,0X07,0X7f,0X6f};
                                  //定义数组a，依次存储包括0～9的共阴极数码管显示码
void delay(void)                  //延时函数（软件实现）
{    uchar i,j,k;                 //定义无符号字符型变量i、j和k
        for (i=5;i>0;i--)         //三重for循环语句实现软件延时
        {
            for(j=100;j>0;j--)
            {
              for(k=250;k>0;k--)
               {;}
            }
        }
}
void main(void)       //主函数
{     uchar s=0;
      while(1)
      {for(s=0;s<10;s++)
          {
           P0=a[s];  //显示字形码送P0口
           delay();  //调用延时函数
          }
      }
}
```

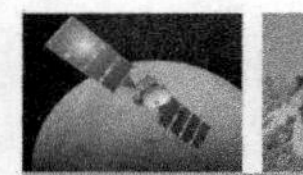  

5. 任务实施

（1）在 Proteus 中按照硬件电路图 2-1-5 连好线，元件列表如表 2-1-5 所示。

（2）用 Keil 软件编写程序并进行编译，得到 HEX 格式文件。

（3）将所得的 HEX 格式文件在 Proteus 中加载到单片机芯片中。

（4）开始仿真，看数码管显示有怎样的变化。

（5）Proteus 中的结果正常后，用实际硬件搭接电路，通过编程器将 HEX 格式文件下载到 AT89C51 中。

（6）通电看效果。

想一想，做一做

如果不想按 0，1，2，…，9 轮流显示，而想按 9，8，7，…，0 这样轮流显示，该怎么做？（提示一下，可以通过交换字形码表格的排列顺序来实现）

表 2-1-5 元件列表

元 件 名 称	型 号	数 量	Proteus 中的名称
单片机芯片	AT89C51	1 片	AT89C51
晶振	12 MHz	1 个	CRYSTAL
电容	22 pF	2 个	CAP
电解电容	22 μF/16 V	2 个	CAP-ELEC
电阻	1 kΩ，220 Ω	具体数量见电路图	RES
八段数码管（也可用七段数码管）	共阴极数码管	1 个	7SEG-COM-CAT-BLUE

任务 2-2 能掐会算的单片机

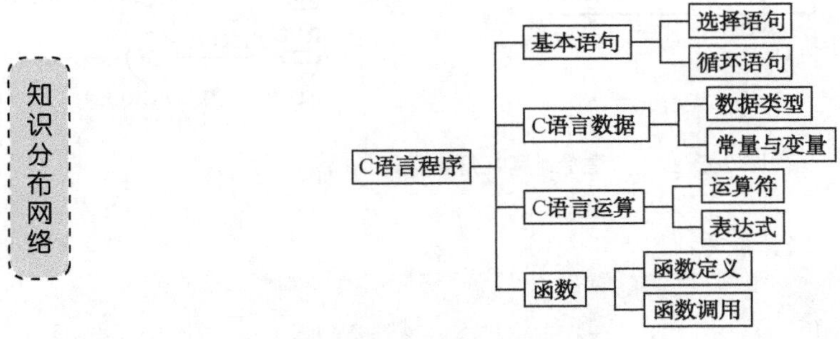

子任务 2-2-1 按键控制花式多样的霓虹灯

1. 任务目标

（1）掌握单片机与按键接口的设计；

（2）掌握按键控制程序的设计方法；

（3）巩固对单片机 4 个 I/O 端口的使用技能。

2. 任务要求

利用 8 个发光二极管模拟霓虹灯的显示，一个按键控制 8 个发光二极管实现不同的显示方式。

3. 相关知识

1）电路设计

根据任务要求，采用 51 单片机的 P2 口控制 8 个发光二极管，P0 口的 P0.0 引脚控制按键，硬件电路如图 2-2-1 所示。

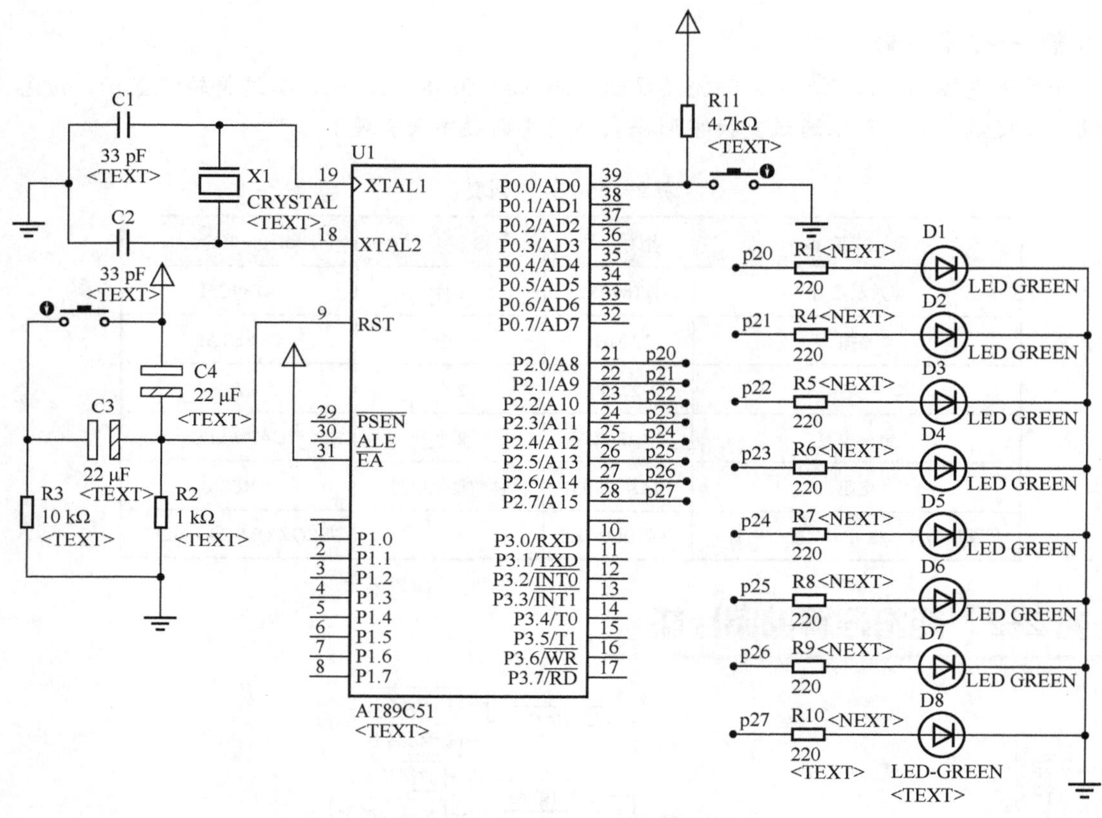

图 2-2-1　按键控制霓虹灯电路

2）源程序设计

```
//程序：2-2-1.c
//功能：单键控制霓虹灯
#include "reg51.h"                //包含头文件，定义 51 单片机专用寄存器
#define uchar unsigned char       //宏定义，uchar 为无符号字符型
#define uint unsigned int         //宏定义，uint 为无符号整型
sbit button=P0^0;                 //定义 p00 引脚位名称为 button
uchar light,assum;                //定义 light、assume 为字符型全局变量
```

```
//函数名：delay
//函数功能：实现软件延时
//形式参数：变量 i 控制循环的次数
//返回值：无
void delay(uint i)
{	uint k;
	for(k=i;k>0;k--){;}
}
//函数名：left
//函数功能：实现霓虹灯向左依次点亮
//形式参数：无
//返回值：无
void left()
{	light=light<<1;
	if(light==0)
		light=0x01;
	P2=light;
}
//函数名：right
//函数功能：实现霓虹灯向右依次点亮
//形式参数：无
//返回值：无
void right()
{	light=light>>1;
	if(light==0)
		light=0x80;
	P2=light;
}
//函数名：assume
//函数功能：实现霓虹灯任意点亮
//形式参数：无
//返回值：无
void assume()
{	uchar a[8]={0x7e,0xbd,0xe7,0xdb,0xdb,0x7e,0xff};
	if(assum==7)
		assum=0;
	else
		assum++;
	P2=a[assum];
}
void main()                                 //主函数
{	uchar flag=0;                           //定义变量 flag，记录按下的次数
	P2=0;                                   //关闭所有的 LED 灯
	while(1)                                //循环程序段，无限循环
	{	if(button==0)                       //第一次检测按键 button 按下
		{	delay(1200);                    //延时，消除按键抖动
```

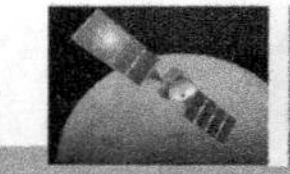

```
            if(button==0)                    //再次检测按键 button 按下
            {if(++flag==4)flag=1;}           //记录按键次数
        }
        switch(flag)
        {   case 1:left();while(!button);break;       //显示向左点亮，等待按键释放
            case 2:right();while(!button);break;      //显示向右点亮，等待按键释放
            case 3:assume();while(!button);break;     //显示任意点亮，等待按键释放
            default:break;
        }
        while(!button);                               //等待按键 button 释放
        delay(10000);                                 //延时，一个灯显示时间
    }
}
```

4. 任务分析

1）按键的工作原理

（1）按键的分类。

按键按照结构原理可分为两类：一类是触点式开关按键，如机械式开关、导电橡胶式开关等；另一类是无触点开关按键，如电气式按键、磁感应按键等。前者造价低，后者寿命长。目前，微机系统中最常见的是触点式开关按键。

按键按照接口原理可分为编码键盘与非编码键盘两类，这两类键盘的主要区别是识别键符及给出相应键码的方法。编码键盘主要是用硬件来实现对键的识别，非编码键盘主要是由软件来实现键盘的定义与识别。

全编码键盘能够由硬件逻辑自动提供与键对应的编码，此外，一般还具有去抖动和多键、窜键保护电路，这种键盘使用方便，但需要较多的硬件，价格较贵，一般的单片机应用系统较少采用。非编码键盘只是简单地提供行和列的矩阵，其他工作均由软件完成。由于其经济实用，因此较多地应用于单片机系统中。

（2）键输入原理。

在单片机应用系统中，除了复位按键有专门的复位电路及专一的复位功能外，其他按键都是以开关状态来设置控制功能或输入数据的。当所设置的功能键或数字键按下时，计算机应用系统应完成该按键所设定的功能，信息输入是与软件结构密切相关的过程。

（3）按键结构与特点。

微机键盘通常使用机械触点式开关按键，其主要功能是把机械上的通断转换成电气上的逻辑关系。也就是说，它能提供标准的 TTL 逻辑电平，以便与通用数字系统的逻辑电平相容。

机械式按键再按下或释放时，由于机械弹性作用的影响，通常伴随有一定时间的触点机械抖动，然后其触点才稳定下来。抖动时间的长短与开关的机械特性有关，一般为 5～10 ms。为了保证 CPU 对按键的一次闭合仅做一次按键输入处理，必须去除抖动影响。去抖通常有软件和硬件两种途径。在键数较少时，可采用硬件去抖；而当键数较多时，采用软件去抖。按键抖动如图 2-2-2 所示。

（4）编制键盘程序。

一个完善的键盘控制程序应具备以下功能：

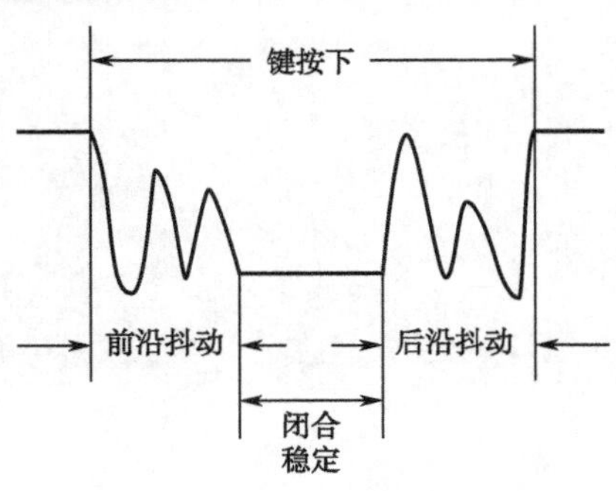

图 2-2-2　按键抖动

① 检测有无按键按下，并采取硬件或软件措施，消除键盘按键机械触点抖动的影响。

② 有可靠的逻辑处理办法。每次只处理一个按键，其间对任何按键的操作对系统都不产生影响，且无论一次按键时间有多长，系统仅执行一次按键功能程序。

③ 准确输出按键值（或键号），以满足跳转指令要求。

采用软件去抖方法的程序如下：

```
if(button==0)                //第一次检测按键 button 按下
     {    delay(1200);       //延时，消除按键抖动
          if(button==0){}    //再次检测按键 button 按下
```

2）基本语句

（1）表达式语句与条件语句。

① 表达式语句与复合语句。

a．表达式语句。

C 语言提供了十分丰富的程序控制语句，表达式语句是最基本的一种语句。在表达式的后边加一个分号“;”就构成了表达式语句。例如：

```
x = 10 ;
++y ;
pjz = (x+y)/2 ;
```

b．空语句。

仅有一个分号“;”构成的语句称为空语句。空语句是表达式语句的一个特例，空语句通常有两种用法。

在程序中为有关语句提供标号，例如：

```
loop: ;
```

在用 while 语句构成循环语句后面加一个分号“;”，形成一个空语句循环，例如：

```
while (! RI) ;
```

c．复合语句。

复合语句是由若干个语句组合而成的一种语句，它是用一个花括号“{}”将若干个语句组合而成的一种功能块。例如：

```
{
    局部变量定义;
    语句 1 ;
    语句 2 ;
    …
    语句 n ;
    }
```

② 条件语句。

a．格式1。

```
if（条件表达式） 语句
```

若条件表达式的结果为“真”（非 0 值），就执行后面的语句；若条件表达式的结果为“假”（0 值），就不执行后面的语句。这里的语句也可以是复合语句。

例如：

```
if（p1！=0）{ c=20;}
```

b．格式2。

```
if（条件表达式）   语句 1
else   语句 2
```

若条件表达式的结果为“真”（非 0 值），就执行后面的语句 1；若条件表达式的结果为假（0 值），就执行语句 2。这里的语句 1 和语句 2 均可以是复合语句。

例如：

```
if（p1！=0）{ c=20;}
else { c=0;}
```

c．格式3。

```
if（条件表达式 1）语句 1
else if（条件表达式 2）语句 2
    else if（条件表达式 3）语句 3
      …
        else if（条件表达式 n）语句 n
            else   语句 n+1
```

③ 开关语句。

switch/case 开关语句的格式：

```
switch（表达式）
{
    case 常量表达式 1:{语句 1}break;
    case 常量表达式 2:{语句 2}break;
    ⋮
```

```
        case 常量表达式 n:{语句 n}break;
        default:            {语句 n+1}break;
    }
```

开关语句说明：

a．当 switch 后面表达式的值与某一“case”后面的常量表达式的值相等时，就执行该“case”后面的语句，遇到 break 语句就退出 switch 语句。

b．switch 后面括号内的表达式可以是整型或字符型表达式，也可以是枚举型数据。

c．每一个 case 常量表达式的值必须不同。

每个 case 和 default 的出现次序不影响执行结果，可先出现 default，再出现其他 case。

（2）循环语句与循环结构。

① while 语句与 do-while 语句。

a．while 语句的格式。

```
while（条件表达式）{语句}
```

当条件表达式的结果为“真”（非 0 值）时，程序就重复执行后面的语句，一直执行到条件表达式的结果变为“假”（0 值）为止。

b．do-while 语句的格式。

```
do
{语句}
while（条件表达式）;
```

先执行给定的循环体语句，然后再检查条件表达式的结果。当条件表达式的值为“真”（非 0 值）时，则重复执行循环体语句，直到条件表达式的结果变为“假”（0 值）为止。

② for 语句。

for 语句的格式：

```
for  ([初值表达式 1];[循环条件表达式 2];[修改表达式 3])
{
函数体语句
}
```

先计算出初值表达式 1 的值作为循环控制变量的初值，再检查循环条件表达式 2 的结果，当满足循环条件时就执行循环体语句并计算修改表达式 3；然后再根据修改表达式 3 的计算结果来判断循环条件表达式 2 是否满足，满足就执行循环体语句，依次执行到循环条件表达式 2 的结果为“假”（0 值）时，退出循环体。

③ if 语句与 goto 语句结合。

goto 语句是一个无条件语句，其格式如下：

```
goto 语句标号;
```

其中，语句标号是用于标识语句所在地址的标识符，语句标号与语句之间用冒号“:”分隔。当执行跳转语句时，使程序跳转到标号所指向的地址，从该语句继续执行程序。将

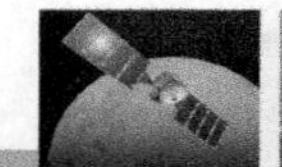
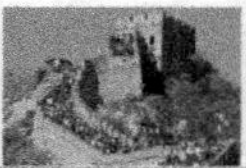

goto 语句和 if 语句一起使用，可以构成一个循环结构。但更常见的是采用 goto 语句来跳出多重循环，需要注意的是，只能用 goto 语句从内层循环跳到外层循环，而不允许从外层循环跳到内层循环。

当型循环形式为：

```
loop：if（表达式）
        {       语句
                goto loop;
        }
```

直到型循环形式为：

```
loop：{         语句
                if（表达式） goto   loop;
          }
```

④ break 语句。

break 语句除了可以用在 switch 语句中，还可以用在循环体中。在循环体中遇见 break 语句时立即结束循环，跳到循环体外，执行循环结构后面的语句。break 语句的格式为：

```
break ;
```

break 语句只能跳出它所处的那一层循环，而 goto 语句可以从最内层循环体中跳出来。而且 break 语句只能用于开关语句和循环语句之中。

⑤ continue 语句的格式。

continue 语句也是一种中断语句，它一般用在循环结构中，其功能是结束本次循环，即跳过循环体中下面尚未执行的语句，把程序流程转移到当前循环语句的下一个循环周期，并根据控制条件决定是否重复执行该循环体。continue 语句的格式为：

```
continue ;
```

continue 语句和 break 语句的区别在于：continue 语句只结束本次循环而不是终止整个循环的执行；break 语句则是结束整个循环，不再进行条件判断。

5. 任务实施

（1）在 Proteus 中按照图 2-2-1 搭接好电路，元件清单如表 2-2-1 所示。

（2）在 Keil 软件中编辑程序，进行编译，得到 HEX 格式文件。

（3）将所得的 HEX 格式文件在 Proteus 中加载到单片机芯片中。

（4）在 Proteus 中仿真，拨动按钮开关，看发光二极管所显示的运算结果与预想的是否一样。

（5）Proteus 中的结果正常后，用实际硬件搭接电路，通过编程器将 HEX 格式文件下载到 AT89C51 中，通电看实际效果。

小贴士 使用 Proteus 仿真时，由于拨线开关没有仿真功能，所以每个拨线开关用 8 个独立开关 SWITCH 代替。

想一想，做一做

现在想通过两个按键控制霓虹灯在显示模式之间切换，要求把结果通过发光二极管显示出来，想想看，该怎么做呢？

表 2-2-1　元件清单

元件名称	型　号	数　量	Proteus 中的名称
单片机芯片	AT89C51	1 片	AT89C51
晶振	12 MHz	1 个	CRYSTAL
电容	22 pF	2 个	CAP
电解电容	22 μF	1 个	CAP-ELEC
拨线开关（可换成独立开关）	拨线开关	2 个	SWITCH（独立开关）
发光二极管		16 个	LED-RED
电阻	220 Ω；1 kΩ	见电路图	RES
排阻		1	RESPACK-8

子任务 2-2-2　数据转化为 BCD 码并显示

1. 任务目标

（1）掌握单片机将一个数的各位转化为 BCD 码的方法；
（2）巩固数码管显示的相关知识；
（3）地址指针的使用；
（4）开关电路的使用。

2. 任务要求

从 P1 口输入一个数（0～255），将该数对应的百、十、个位的数码在单个数码管上轮流显示出来。

3. 相关知识

1）单片机如何求出一个数各位的 BCD 码

例如，现有一数为 178，要求出其各位的 BCD 码，应怎样做？

（1）将 178 除以 100 求百位的 BCD 码，此时商为 1，余数为 78，此时的商就是百位的 BCD 码。

（2）将余数 78 再除以 10，商为 7，余数为 8，商 7 就是十位的 BCD 码，余数 8 为个位的 BCD 码。

这样 1、7、8 这三个 BCD 码就得到了。

2）单片机怎样用数码管显示各位 BCD 码

这个内容要用到前面讲的数码管显示字形码，要显示什么数字，就把对应的字形码送到相应的 I/O 端口显示出来。

4．任务分析

1）硬件电路

硬件电路见图 2-2-3，其中 P1 口接了 8 个开关（SWITCH），可以在 I/O 端口上输入 8 位的二进制数，开关合上相应位输入 0，开关断开输入 1，当然这 8 个开关也可以换成 SW 拨线开关。P2 口为输出口，输出相应的十进制数的字形码，控制共阴极七段数码管显示（注意，这个数码管没有小数点 dp 显示，故称为七段数码管，此时字形码中 dp 位为 1 还是为 0 对显示没有影响，都可以）。

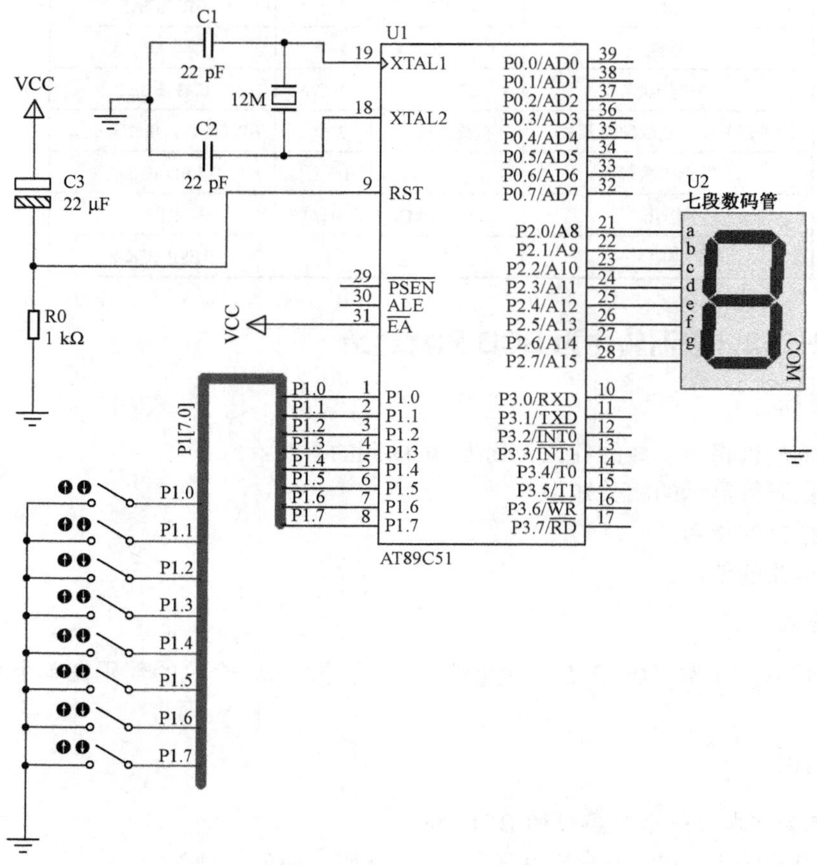

图 2-2-3　单管显示硬件电路图

2）软件分析

本任务中所用程序如下：

```
//程序：2-2-2.c
//功能：单管显示
#include "reg51.h"              //包含头文件，定义 51 单片机专用寄存器
#define uchar unsigned char     //宏定义，uchar 为无符号字符型

sbit p10=P1^0;                  //定义位变量
```

```
sbit p11=P1^1;
sbit p12=P1^2;
sbit p13=P1^3;
sbit p14=P1^4;
uchar   display[10]={0X3f,0X06,0X5b,0X4f,0X66,0X6d,0X7d,0X07,0X7f,0X6f};
                                        //字形显示码
//函数名：delay
//函数功能：实现软件延时
//形式参数：变量 i 控制循环的次数
//返回值：无
void delay(void)
{int i;
        for(i=5000;i>=0;i--)
        {;}
}
void main(void)                    //主函数
{ uchar num;                       //定义变量 num，记录显示数字
 while(1)                          //循环程序段，无限循环
 {num=0;
  if(p10==0)                       //检测按键 button 按下
        {P0=display[num];          //对应字形码送 P0 口显示
         delay();
        }
        num++;
        if(p11==0)
                {P0=display[num];
                 delay();
                }
        num++;
        if(p12==0)
                {P0=display[num];
                 delay();
                }
        num++;
        if(p13==0)
                {P0=display[num];
                 delay();
                }
 }
}
```

5. 任务实施

（1）在 Proteus 中按照图 2-2-3 搭接好电路，元件清单如表 2-2-2 所示。

（2）在 Keil 软件中编辑程序，进行编译，得到 HEX 格式的文件。

（3）将所得的 HEX 格式文件在 Proteus 中加载到单片机芯片中。

（4）在 Proteus 中仿真，拨动开关，选择输入的数据，看数码管所显示的结果与预想的

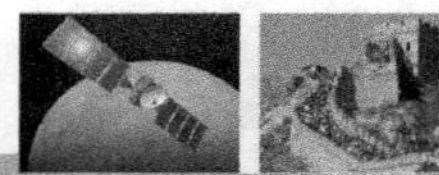

是否一样。

（5）Proteus 中的结果正常后，用实际硬件搭接电路，通过编程器将 HEX 格式文件下载到 AT89C51 中，通电看实际效果。

想一想，做一做

现在想用 3 个共阴极的数码管，让个位、十位、百位的数码一起显示出来，想想硬件和软件该怎么设计？来试一下吧。

表 2-2-2 元件清单

元件名称	型号	数量	Proteus 中的名称
单片机芯片	AT89C51	1 片	AT89C51
晶振	12 MHz	1 个	CRYSTAL
电容	22 pF	2 个	CAP
电解电容	22 μF/16 V	1 个	CAP-ELEC
开关		8 个	SWITCH
电阻	1 kΩ	1 个	RES
七段数码管	共阴极数码管	1 个	7SEG-COM-CAT-BLUE

任务 2-3 运算符与表达式类

知识分布网络

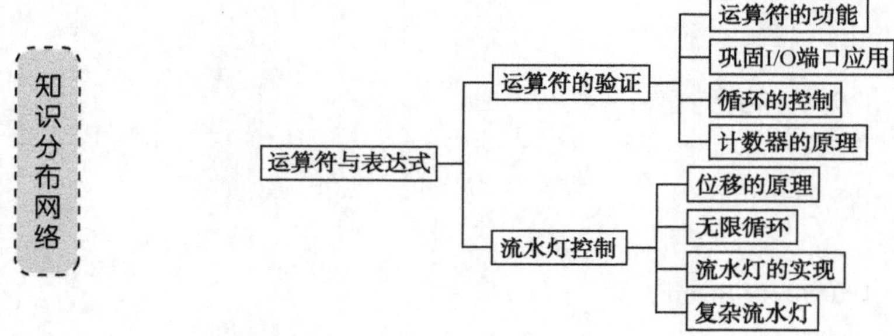

子任务 2-3-1 运算符的验证

1. 任务目标

（1）掌握 C 语言运算符的功能和应用；

（2）巩固对单片机的 4 个 I/O 端口的应用技能；

（3）掌握读 I/O 端口的锁存器和读 I/O 端口的引脚的区别。

2. 任务要求

实现 0～99 的计数显示，并将结果送 P2 口所接七段数码管显示。

3. 相关知识

（1）算术运算符。

C 语言的算术运算符见子任务 2-1-1 中的介绍。

编程时常将“++”与“--”这两个运算符用于循环语句中，使循环变量自动加 1；也常用于指针变量，使指针自动加 1 指向下一个地址。

注意　“/”取结果的整数部分；“%”取结果的余数部分；“-”表示除进行减法外，还可以进行取负操作。“++”为自增，表示操作数加 1，X++等同于 X=X+1；++X 表示先加 1，再取值；X++表示先取值，再加 1。

（2）关系运算符。

C 语言的关系运算符见子任务 2-1-1 中的介绍。

关系运算符用来判断某个条件是否满足，关系运算符的结果只有“真”和“假”两种值。当所指定的条件满足时结果为 1，当条件不满足时结果为 0，1 表示“真”，0 表示“假”。

（3）逻辑运算符。

C 语言的逻辑运算符见子任务 2-1-1 中的介绍。

逻辑运算的结果只有两个，“真”为 1，“假”为 0。

（4）位运算符。

C 语言的位运算符见子任务 2-1-1 中的介绍。

位运算的操作对象只能是整型和字符型数据。这些位运算和汇编语言中的位操作指令十分类似。位操作指令是单片机的重要特点，所以位运算在 C51 语言控制类程序设计中的应用比较普遍。

（5）赋值运算符。

在 C 语言中，最常见的赋值运算符为“=”，利用赋值运算将一个变量与一个表达式连接起来的式子称为赋值表达式，在赋值表达式的后面加“;”便构成了语句。例如：

```
j=0x0001;        //j 初始化为 0x0001，即 0000000000000001
j=j<<1;          //左移一位，指向下一个二极管
```

4. 任务分析

1）硬件电路

硬件电路见图 2-3-1，其中 P2 口连接数码管的显示段码线，P3.0 与 P3.1 连接位码线，用于选择是个位还是十位显示。

2）软件分析

两位数的加法计数器，整体程序的架构与一位数的计数器基本类似，但具体的显示和计算函数有区别。

显示函数需要使用多位数的显示程序，本任务选择动态显示，为了能够将计算函数保存的内容送到显示函数中，在程序中采用了全局变量，而没有采用参数传递形式。

计算函数的实现方法是个位和十位分别计数，个位计数满十就向十位进 1，十位就加 1 计数，将计数值从显示数据表中读出，送 P2 口显示，个位显示在十位的右边。

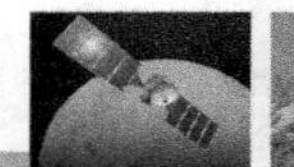

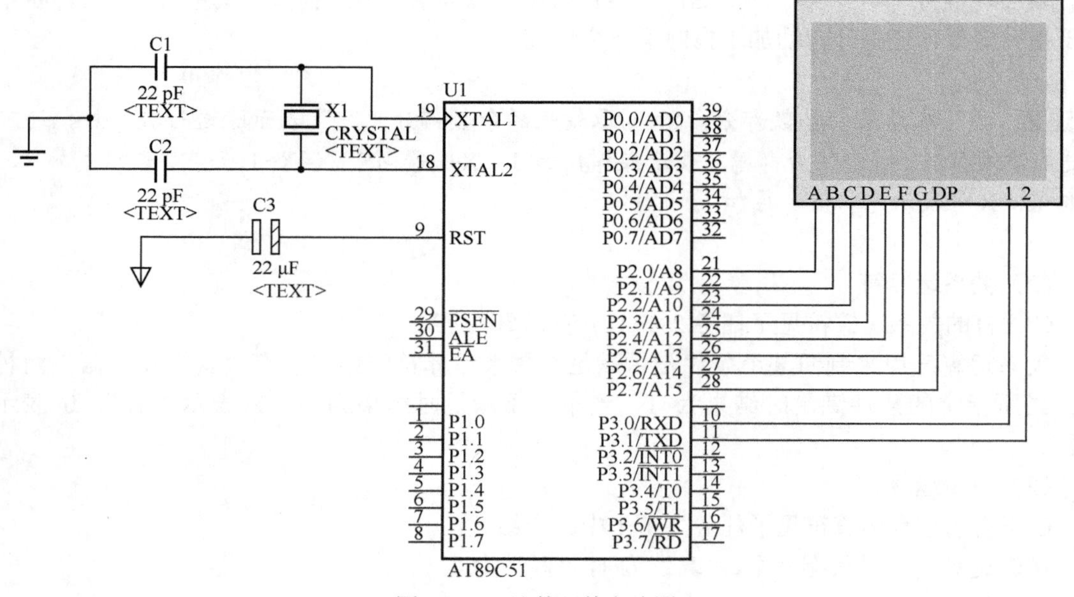

图 2-3-1　计数硬件电路图

程序如下：

```
//程序：2-3-1.c
//功能：0～99 的加法计数
#include <reg51.H>                              //包含头文件，定义 51 单片机专用寄存器
#define uchar unsigned char                     //宏定义，uchar 为无符号字符型
uchar code a[10]={0X3f,0X06,0X5b,0X4f,0X66,0X6d,0X7d,0X07,0X7f,0X6f}; //字形显示码码表
uchar d[8]={0,0,0,0,0,0,0,0};                   //显示的初值全为 0
//函数名：display
//函数功能：显示模块
//形式参数：无
//返回值：无
void display()
{ uchar i,k;
  int j;
  k=0x01;                                       //k 初始化（0000 0001B）指向右边第一个数码管
  for(i=0;i<2;i++)
        { P3=0xff;                              //关闭显示
          P2=a[d[i]];                           //显示数组中第 i 个数的值
          P3=~k;                                //让变量 k 中二进制数为 0 的位所对应的数码管显示
          k=k<<1;                               //左移一位，指向下一个数码管
          for(j=400;j>0;j--);                   //延时
        }
          P2=0xff;
}
//函数名：calc
//函数功能：计算模块
```

```
//形式参数：无
void calc()
{ d[1]++;                              //个位数加 1
  if(d[1]>9)                           //判断个位数是否大于 9
      { d[1]=0;                        //如果个位数大于 9，则个位数置 0
        d[0]++;                        //十位加 1
        if(d[0]>9)                     //判断十位数是否大于 9
            d[0]=0;                    //如果十位数大于 9，则十位数置 0
      }
}
void main()
{       while(1)
      {     display();                 //调用显示程序
            calc();                    //调用计算程序
      }
}
```

5. 任务实施

（1）在 Proteus 中按照图 2-3-1 搭接好电路，元件清单如表 2-3-1 所示。

（2）在 Keil 软件中编辑程序，进行编译，得到 HEX 格式文件。

（3）将所得的 HEX 格式文件在 Proteus 中加载到单片机芯片中。

（4）在 Proteus 中仿真，看数码管所显示的结果与预想的是否一样。

（5）Proteus 中的结果正常后，用实际硬件搭接电路，通过编程器将 HEX 格式文件下载到 AT89C51 中，通电看实际效果。

表 2-3-1　元件清单

元 件 名 称	型　号	数　量	Proteus 中的名称
单片机芯片	AT89C51	1 片	AT89C51
晶振	12 MHz	1 个	CRYSTAL
电容	22 pF	2 个	CAP
电容	22 μF	1 个	CAP-ELEC
拨线开关（可换成独立开关）	拨线开关	2 个	SWITCH（独立开关）
发光二极管		8 个	LED-RED
电阻	220 Ω；1 kΩ	见电路图	RES

子任务 2-3-2　16 位 LED 流水灯（亮点流动）控制

1. 任务目标

（1）掌握循环移位符号的应用；

（2）巩固对单片机的 4 个 I/O 端口的应用；

（3）可编写较复杂的流水灯变化控制程序。

2. 任务要求

利用单片机实现16个LED发光二极管构成的流水灯的亮点左流动（所谓亮点左流动是指16个LED只有一个亮，其他15个都不亮，并且16个LED从右向左轮流亮，循环不断）。

D15 D14 D13 D12 D11 D10 D9 D8 D7 D6 D5 D4 D3 D2 D1 D0

←――――――――――――――――――――――――――――――

3. 相关知识

1）高位与低位

对于51系列的单片机，4个I/O端口（P0、P1、P2、P3）都是8位的双向端口。本任务要求实现16位的LED流水灯，就得把16位的数据分成两个8位的数据，以便把数据分别送到相应的I/O端口。

通过除法运算，把16位数据变成两个8位的数据，相除的商作为高8位，余数作为低8位。相关语句如下：

```
P1=j%256;       //取变量j低8位数
P2=j/256;       //取变量j高8位数
```

小贴士 将一个数用“<<”运算符往左移位一次，等效于将这个数乘以2；

将一个数用“>>”运算符往右移位一次，等效于将这个数除以2。

在很多程序中，对一个数乘以2或除以2一般都不采用乘法和除法指令，而采用“<<”和“>>”运算符。

2）怎样产生亮点流动

怎样才能让16个LED产生亮点流动的流水灯效果？其实不难，LED的亮灭可由单片机内的二进制数来控制，输出一个00000000 00000001B的二进制数控制16个LED，只有一个LED亮，然后不断地用左移运算符（“<<”）或者右移运算符（“>>”），让这个16位二进制数中的1不断向左边或右边移动，每移动一次，用延时程序延时一段时间，用这个1不断移动的16位数据去控制16个LED，就可实现亮点流动的流水灯效果，用“<<”和“>>”运算符都可以，只不过移动的方向不同而已。

现在已经知道怎样让16个LED产生亮点流动的效果了，但如果想控制32个LED产生亮点流动的效果，该怎样实现呢？大家自己来想想。

4. 任务分析

1）硬件电路

硬件电路见图2-3-2。

（1）流水灯电路：P1口和P2口接16个发光二极管D15～D0构成流水灯结构，可也在电路中接入R0～R15（为限流电阻），保护LED灯不被烧坏。

（2）复位电路：C3、C4、R1、R2构成上电复位电路。

（3）晶振电路：由C1、C2和12MHz的晶振构成。

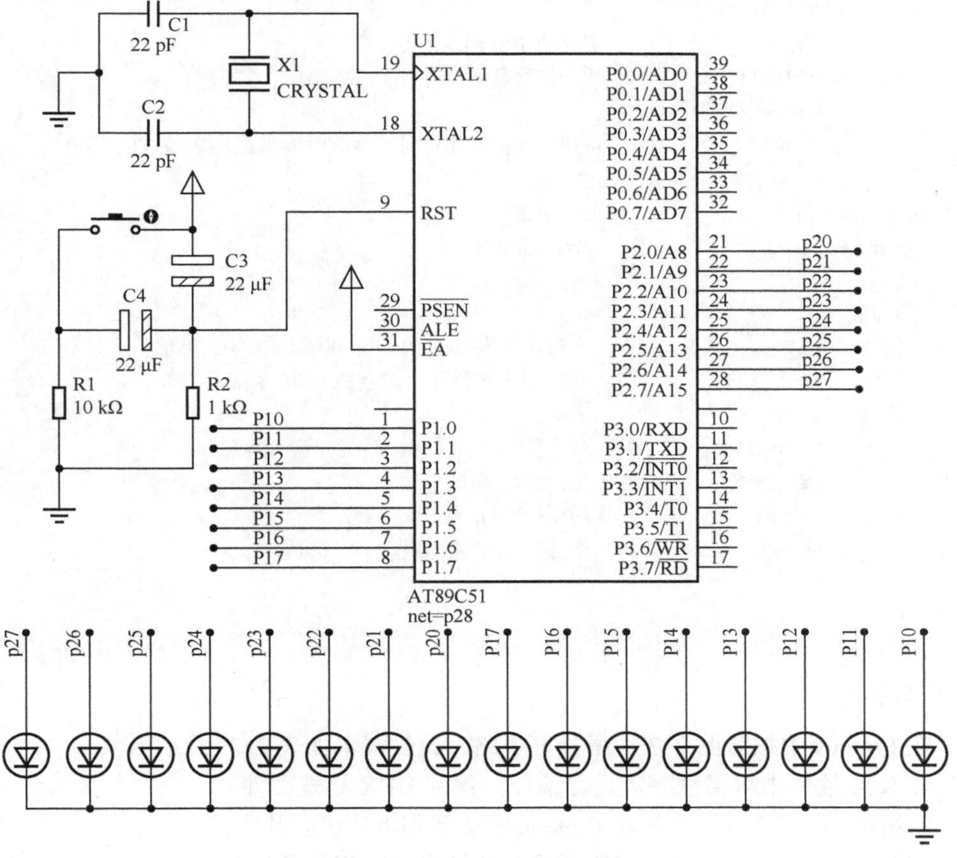

图 2-3-2　流水灯亮点流动电路图

2）软件分析

本任务要求亮点左流动，而发光二极管接在 P1 口和 P2 口上。程序开始时，需要给某一变量赋初值 0x0001，并把该变量的高 8 位送 P2 口、低 8 位送 P1 口，在某一时刻，让其中一个引脚上所接的 LED 亮，其他 LED 灭，延时一段时间后，将送出的数据用“<<”运算符向左移，再从 P1 口或 P2 口送出，这样周而复始，就可实现亮点左流动。程序如下：

```
//程序：2-3-2.c
//功能：16 位 LED 流水灯
#include "reg51.h"                //包含头文件，定义 51 单片机专用寄存器
//函数名：delay
//函数功能：采用定时器 1、工作方式 1 实现 10 ms 延时，晶振频率 12 MHz
//形式参数：变量 i
//返回值：无
void delay(unsigned char i)
{   unsigned char j;
    TMOD=0x10;                    //设置定时器 1 工作方式 1
    for(j=0;j<i;j++)
    {       TH1=0xd8;             //置定时器初值
```

```
            TL1=0xf0;
            TR1=1;                  //启动定时器 1
            while(!TF1);            //查询计数是否溢出，即定时到，TF1=1
            TF1=0;
        }                           //10 ms 定时时间到，将定时器溢出标志位 TF1 清 0
    }
    void main(void)                 //主函数
    { unsigned char i;              //定义变量 i
      int j;
      while(1)
      { j=0x0001;                   //j 初始化为 0x0001，即 0000000000000001
        for(i=0;i<=15;i++)          //完成 16 次循环，重复执行 16 次循环体
          {
            P1=j%256;               //取变量 j 低 8 位数
            P2=j/256;               //取变量 j 高 8 位数
            delay();                //调用延时函数
            j=j<<1;                 //左移一位，指向下一个二极管
          }
      }
    }
```

5. 任务实施

（1）在 Proteus 中按照图 2-3-2 搭接好电路，元件清单如表 2-3-2 所示。

（2）在 Keil 软件中编辑程序，进行编译，得到 HEX 格式文件。

（3）将所得的 HEX 格式文件在 Proteus 中加载到单片机芯片中。

（4）在 Proteus 中仿真，看二极管所显示的结果与预想的是否一样。

（5）将程序中的“<<”运算符换成“>>”运算符，看看电路显示的结果和刚才有什么不同。

（6）Proteus 中的结果正常后，用实际硬件搭接电路，通过编程器将 HEX 格式文件下载到 AT89C51 中，通电看实际效果。

表 2-3-2 元件清单

元件名称	型　号	数　量	Proteus 中的名称
单片机芯片	AT89C51	1 片	AT89C51
晶振	12 MHz	1 个	CRYSTAL
电容	22 pF	2 个	CAP
电解电容	22 μF	1 个	CAP-ELEC
发光二极管		8 个	LED-RED
电阻	220 Ω；1 kΩ；8.2 kΩ	见电路图	RES

想一想，做一做

我们刚才提的问题，你想好了吗？应怎样实现 32 个 LED 的亮点流动？想好就来试试下面这个任务吧。

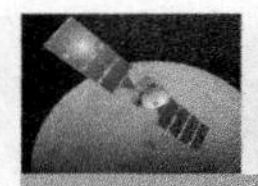

利用单片机实现 32 个 LED 发光二极管构成的流水灯的暗点右流动（所谓暗点右流动是指 32 个 LED 只有一个不亮，其他 31 个都亮，并且 32 个 LED 从左向右轮流不亮，循环不断）。

任务 2-4　循环控制语句与位运算

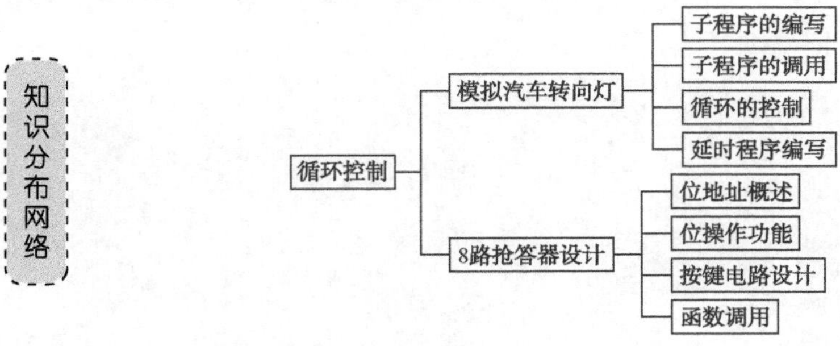

子任务 2-4-1　模拟汽车转向灯

1. 任务目标

（1）掌握单片机的位运算符的功能及应用；
（2）掌握单片机子程序的编写及调用方法；
（3）掌握单片机延时程序的编写方法；
（4）掌握循环程序的编写方法。

2. 任务要求

用单片机控制两个发光二极管的亮灭，模拟汽车的转向灯。

3. 相关知识

1）条件语句与开关语句

（1）条件语句。

① 格式 1。

```
if(条件表达式)
    {语句}
```

若条件表达式的结果为“真”（非 0 值），就执行后面的语句；若条件表达式的结果为“假”（0 值），就不执行后面的语句。这里的语句也可以是复合语句。例如：

```
if(p1 ! = 0){ c = 20;}
```

② 格式 2。

```
if(条件表达式)
    {语句 1}
else
    {语句 2}
```

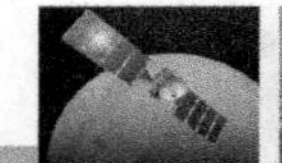

若条件表达式的结果为“真”（非 0 值），就执行后面的语句 1；若条件表达式的结果为“假”（0 值），就执行语句 2。这里的语句 1 和语句 2 均可以是复合语句。例如：

```
if(p1 ! = 0)
      { c = 20;}
else
      { c = 0;}
```

③ 格式 3。

```
if(条件表达式 1)
      {语句 1}
else if（条件表达式 2）
      {语句 2}
else if（条件表达式 3）
      {语句 3}
…
else if（条件表达式 n）
      {语句 n }
else   {语句 n+1}
```

（2）开关语句。

if 语句一般用于单一条件或分支数目较少的场合，如果使用 if 语句来编写超过 3 个以上分支的程序，就会降低程序的可读性。C 语言提供了一种用于多分支选择的 switch 语句，其 switch/case 开关语句的格式如下：

```
switch（表达式）
      {
         case 常量表达式 1:{语句 1} break;
         case 常量表达式 2:{语句 2} break;

         case 常量表达式 n:{语句 n} break;
         default:              {语句 n+1} break;
      }
```

开关语句说明：

① 当 switch 后面表达式的值与某一 case 后面的常量表达式的值相等时，就执行该 case 后面的语句，遇到 break 语句就退出 switch 语句。

② switch 后面括号内的表达式，可以是整型或字符型表达式，也可以是枚举型数据。

③ 每一个 case 常量表达式的值必须不同。

④ 每个 case 和 default 的出现次序不影响执行结果，可先出现 default，再出现其他 case。

例如：

```
switch(P3)
 {    case 0xfc:   P1_3=1,P1_7=1;break;      //按键 S0 和 S1 均按下
```

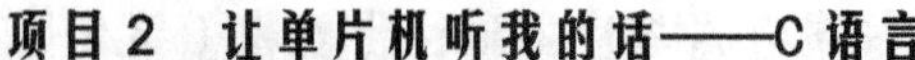

```
        case 0xfd:   P1_3=0,P1_7=1;break;      //按键 S1 按下，S0 未按下
        case 0xfe:   P1_3=1,P1_7=0;break;      //按键 S0 按下，S1 未按下
        case 0xff:   P1_3=0,P1_7=0;break;      //按键 S0 和 S1 均未按下
    }
```

2）延时子程序

延时子程序在前面的任务中已经看到过多次了，今天详细地讲讲延时程序的相关内容。

（1）时序分析：大家上学时对上课铃应该印象深刻吧，如果学校一日无铃声必定会引起混乱。整个学校就是在铃声的统一指挥下，步调一致，统一协调地工作着。这个铃是按一定的时间安排来响的，可以称为"时序（时间的顺序）"。一个由人组成的单位尚且要有一定的时序，计算机当然更要有严格的时序。事实上，计算机更像一个大钟，什么时候秒针动，什么时候分针动，什么时候时针动，都有严格的规定，一点也不能乱。计算机要完成的事更复杂，所以它的时序也更复杂。下面来了解一下与单片机时序相关的几个概念。

① 时钟周期：单片机要正常工作，必须接有晶振电路，该晶振电路产生的矩形波的周期就是单片机时序的一个基准信号，相当于现实生活中的秒，把这个矩形波的周期称为时钟周期，有些地方也称为振荡周期。它究竟是多少呢？通过所接的晶振频率求倒数就可以得到，比如用的是 12 MHz 的晶振，那它的时钟周期就为 1/12 μs。

② 机器周期：已知计算机工作时，是一条一条地从 ROM 中取指令，然后一步一步地执行的，计算机访问一次存储器的时间，称为一个机器周期。单片机在运行某一条指令时，通常分为几个基本步骤，当然有些复杂的指令，基本步骤多些，有些指令基本步骤要少一些，有些甚至只要一个基本步骤就可以完成，单片机完成一个基本步骤的操作所花的时间就是一个机器周期。

那机器周期怎样计算呢？一个机器周期包括 12 个时钟周期。下面计算一下一个机器周期是多长时间。设一个单片机采用 12 MHz 的晶振，它的时钟周期是 1/12 μs。它的一个机器周期是 12×(1/12)，也就是 1 μs（请计算一个使用 6 MHz 晶振的单片机，它的机器周期是多少）。

③ 指令周期：单片机的所有指令中，有些比较简单，只要一个基本步骤就可完成，这些指令完成得比较快，只要一个机器周期就行了；有一些要两个基本步骤才能完成，需要两个机器周期；还有的指令要 4 个机器周期才行。为了衡量指令执行时间的长短，又引入一个新的概念——指令周期。所谓指令周期就是指执行一条指令的时间，它一般是机器周期的整数倍。某条指令的指令周期是机器周期的几倍，称它为几周期指令。Intel 对每一条指令都给出了它的指令周期数，这些数据，大部分不需要记忆，但是有一些指令是需要记住的。

（2）延时程序：软件延时程序在单片机程序设计中应用十分广泛，其主要设计思想是利用空语句构成循环程序，只占用 CPU 的时间，而不进行任何实质性操作，从而实现延时功能。空语句只有一个";"，没有任何具体的功能，只是延迟 1 个机器周期的时间。

现在来看一看，一个 10 ms 延时子程序的编写过程（假设晶振为 12 MHz，机器周期为 1 μs）。

先编写下面一段程序：

```
void delay(unsigned char i)
{   unsigned char j;
```

```
        TMOD=0x10;              //设置定时器 1 工作方式 1
        for(j=0;j<i;j++)
        {       TH1=0xd8;       // 置定时器初值
                TL1=0xf0;
                TR1=1;          // 启动定时器 1
                while(!TF1);    // 查询计数是否溢出，即定时到，TF1=1
                TF1=0;
        }                       // 10 ms 定时时间到，将定时器溢出标志位 TF1 清 0
    }
```

如果想延时 100 ms，按上面那个程序结构需要通过循环次数来实现，定时计数一次为 10 ms，让它循环 10 次，就可以达到 100 ms 了。

4. 任务分析

1）硬件电路

硬件电路见图 2-4-1，其中 LED 由单片机 P1 口的 P1.3 和 P1.7 引脚控制，模拟汽车的左、右转向灯，R2、R4 为限流电阻。通过位运算语句“P3_0=1”和“P3_0=0”可以实现对该发光二极管的亮灭控制，晶振为 12 MHz，所以 1 个机器周期为 1 μs。

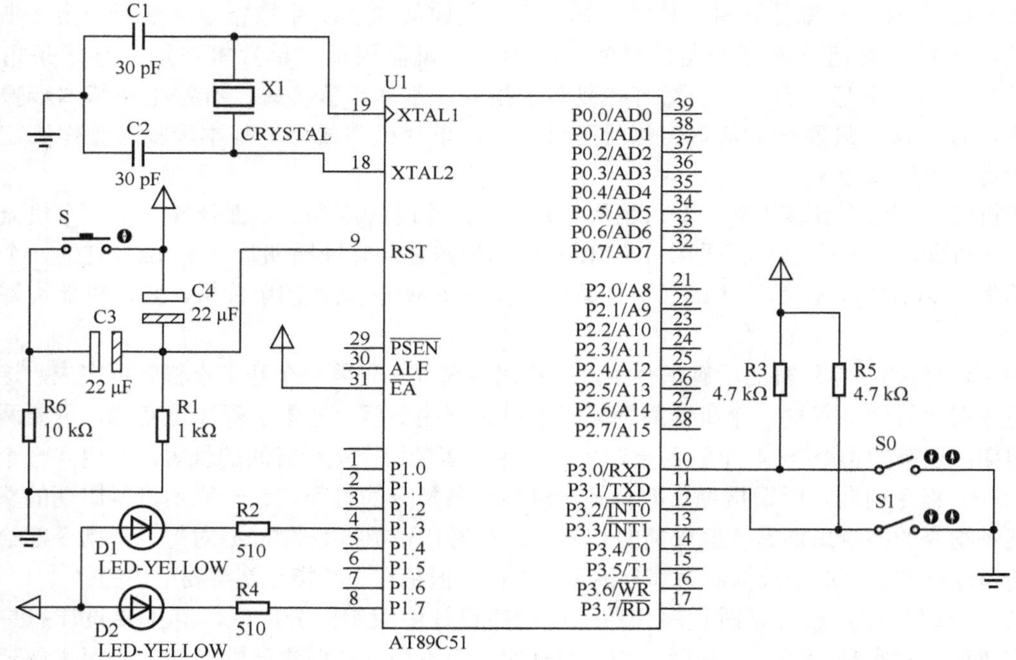

图 2-4-1　模拟汽车转向灯电路图

2）程序分析

在如图 2-4-1 所示的电路中，按键 S0 和 S1 的不同状态组合控制 LED 灯 D1 和 D2 的状态。因此只要检测连接按键 S0 和 S1 的 P3.0 和 P3.1 引脚的电平高低，再给 P1.3 和 P1.7 相应的高低电平即可实现。由于不仅仅要使 LED 灯亮还要闪烁，因此程序中应使用 while 循环语句，其表达为常数 1，即循环条件永远成立，不断重复执行，属于无限循环，从而实

现了 LED 灯闪烁的效果。程序中还应使用延时，用于控制闪烁的时间间隔，其时间长短可由实参进行传递。

该任务程序如下：

```
//程序：2-4-1.c
//功能：模拟汽车转向灯程序
#include <reg51.h>                   //包含头文件，定义 51 单片机专用寄存器
void delay(unsigned char i);         //延时函数申明
sbit P1_3=P1^3;                      //定义 P1.3 引脚名称为 P1_3
sbit P1_7=P1^7;                      //定义 P1.7 引脚名称为 P1_7
sbit P3_0=P3^0;                      //定义 P3.0 引脚名称为 P3_0
sbit P3_1=P3^1;                      //定义 P3.1 引脚名称为 P3_1
void  main()                         //主函数
{        bit left,right;             //定义位变量 left 和 right
         while(1)                    //无限循环
         {    P3_0=1;                //P3.0 作为输入口，置 1
              P3_1=1;                //P3.1 作为输入口，置 1
              left=P3_0;             //读 P3.0
              right=P3_1;            //读 P3.1
              switch(P3)
              {case 0xfc:  P1_3=1,P1_7=1;break;     //按键 S0 和 S1 均按下
              case 0xfd:  P1_3=0,P1_7=1;break;      //按键 S1 按下，S0 未按下
              case 0xfe:  P1_3=1,P1_7=0;break;      //按键 S0 按下，S1 未按下
              case 0xff:  P1_3=0,P1_7=0;break;      //按键 S0 和 S1 均未按下
              }
               delay(200);                          //延时，控制闪烁时间
               P1_3=1;                              //左转灯熄灭
               P1_7=1;                              //右转灯熄灭
               delay(200);                          //延时
         }
}
//函数名：delay
//函数功能：采用定时器 1、工作方式 1 实现 10 ms 延时，晶振为 12 MHz
//形式参数：变量 i
//返回值：无
void delay(unsigned char i)
{   unsigned char j;
    TMOD=0x10;              //设置定时器 1、工作方式 1
    for(j=0;j<i;j++)
    {      TH1=0xd8;        //置定时器初值
           TL1=0xf0;
           TR1=1;           //启动定时器 1
           while(!TF1);     //查询计数是否溢出，即定时到，TF1=1
           TF1=0;
    }                       //10 ms 定时时间到，将定时器溢出标志位 TF1 清 0
}
```

5. 任务实施

（1）在Proteus中按照图2-4-1搭接好电路，元件清单如表2-4-1所示。

（2）在Keil软件中编辑逻辑程序，进行编译，得到HEX格式文件。

（3）将所得的HEX格式文件在Proteus中加载到单片机芯片中。

（4）在Proteus中仿真，看发光二极管是否闪烁。

（5）Proteus中的结果正常后，用实际硬件搭接电路，通过编程器将HEX格式文件下载到AT89C51中，通电看实际效果。

想一想，做一做

如果把P3口的控制换成用P0口来控制，想想应该怎样操作？来试一下吧。

表2-4-1 元件清单

元件名称	型号	数量	Proteus中的名称
单片机芯片	AT89C51	1片	AT89C51
晶振	12 MHz	1个	CRYSTAL
电容	22 pF	2个	CAP
电解电容	22 μF	2个	CAP-ELEC
发光二极管		2个	LED-RED
电阻	220 Ω；1 kΩ	见电路图	RES

子任务2-4-2 8路抢答器设计

1. 任务目标

（1）掌握单片机的寄存器的功能及应用；

（2）掌握单片机的开关语句的应用；

（3）初步掌握按键电路的结构及相关编程方法；

（4）掌握数组的应用。

2. 任务要求

用8个独立式按键作为抢答输入按键，标号分别为K0～K7，当某一参赛者首先按下抢答器按钮时，在数码管上显示抢答成功的参赛者的标号，此时抢答器不再接受其他输入信号，直到按下系统复位按钮，系统再次接受下一轮的抢答输入。

3. 相关知识

1）位地址

通过前面流水灯的例子，已经习惯了“位”。一位就可以控制一盏灯的亮和灭，而所学的指令全都是用“字节”来介绍的：字节的移动、加法、减法、逻辑运算、移位等。用字节来处理一些数学问题，如控制冰箱的温度、电视的音量等很直观，可以直接用数值来表示。可是如果用它来控制一些开关的打开和合上，灯的亮和灭，就有些不直接了。记得前面讲的十六位流水灯的例子吗？给P3口送数值后并不能马上知道哪个灯亮或者灭，而是要

转成二进制数才知道。工业中有很多场合需要处理这类开关输出、继电器吸合，用字节来处理就显得有些麻烦，所以在单片机中特意引入了一个位处理机制，称为位操作指令，下面就来学习一下。

（1）位寻址区。在 51 单片机中，有一部分 RAM 和一部分 SFR 是具有位寻址功能的，也就是说这些 RAM 的每一个位都有自己的地址，可以直接用这个地址来对这些位单独进行操作。

内部 RAM 的低 128 个 RAM 中的地址为 20H～2FH 这 16 个数据存储器，就是 51 单片机的位寻址区（见表 2-4-2）。在这个区域内的每一个 RAM 中的每个位都有自己的地址编号，称为位地址，可以直接用位地址来找到它们，对它们进行以位为单位的修改和读取。

表 2-4-2　片内数据存储器的位地址

单 元 地 址	各位的地址（最右边为 D0 位，最左边为 D7 位）							
2FH	7FH	7EH	7DH	7CH	7BH	7AH	79H	78H
2EH	77H	76H	75H	74H	73H	72H	71H	70H
2DH	6FH	6EH	6DH	6CH	6BH	6AH	69H	68H
2CH	67H	66H	65H	64H	63H	62H	61H	60H
2BH	5FH	5EH	5DH	5CH	5BH	5AH	59H	58H
2AH	57H	56H	55H	54H	53H	52H	51H	50H
29H	4FH	4EH	4DH	4CH	4BH	4AH	49H	48H
28H	47H	46H	45H	44H	43H	42H	41H	40H
27H	3FH	3EH	3DH	3CH	3BH	3AH	39H	38H
26H	37H	36H	35H	34H	33H	32H	31H	30H
25H	2FH	2EH	2DH	2CH	2BH	2AH	29H	28H
24H	27H	26H	25H	24H	23H	22H	21H	20H
23H	1FH	1EH	1DH	1CH	1BH	1AH	19H	18H
22H	17H	16H	15H	14H	13H	12H	11H	10H
21H	0FH	0EH	0DH	0CH	0BH	0AH	09H	08H
20H	07H	06H	05H	04H	03H	02H	01H	00H

例如，看这个表中的最后一行，说明 20H 这个存储单元的 D0 位的位地址为 00H，D1 位的位地址为 01H，最高位 D7 位的位地址为 07H，可以通过位操作指令，利用这些位地址，单独对 20H 这个存储单元的某一位进行操作。

（2）可以位寻址的特殊功能寄存器。51 单片机中有一些 SFR 也是可以进行位寻址的，这些 SFR 的特点是其字节地址均可被 8 整除，如 A 累加器、B 寄存器、PSW、IP（中断优先级控制寄存器）、IE（中断允许控制寄存器）、SCON（串行端口控制寄存器）、TCON（定时计数器控制寄存器）、P0～P3（I/O 端口锁存器）。以上 SFR 有一些还不熟，如 IP、IE、SCON、TCON 等，会在第 3～5 章再做详细解释。

注意，对于特殊寄存器 SFR 中的具有位寻址功能的存储器，它们的某一位数据的位地址通常采用下面的表示方法，如累加器 ACC 具有位寻址功能，它的 D0 位的位地址可以写

成 ACC.0；再如 P1，也是一个具有位寻址功能的 SFR，它的 D7 位的位地址可以写成 P1.7；其他具有位寻址功能的 SFR 都可以这样表述。这样每一位数据位的实际地址数值就没有必要花时间去记了。

2）位操作指令

MCS-51 单片机的硬件结构中有一个位处理器（又称布尔处理器），它有一套位变量处理的指令集。在进行位处理时，C（就是前面讲的进位位）称为位累加器；有自己的位 RAM，也就是刚讲的内部 RAM 的 20H～2FH 这 16 个字节单元，即 128 个位单元；还有自己的位 I/O 空间（即 P0.0～P0.7，P1.0～.P1.7，P2.0～P2.7，P3.0～P3.7）。当然在物理实体上，它们与原来的以字节寻址用的 RAM 及端口是完全相同的，或者说这些 RAM 及端口都可以有两种用法。

4. 任务分析

1）硬件电路

硬件电路见图 2-4-2，共阴极七段数码管受 P0 口的 8 个引脚控制，显示抢答器的状态信息，数码管采用静态连接方式与单片机的 P3 口连接；K0～K7 和 8 个电阻构成 8 个独立的按键电路，将与 P0.0 引脚连接的按键作为“0”号抢答输入，与 P0.1 引脚连接的按键为“1”号抢答输入，以此类推。控制 P3 口的 8 个引脚的电平高低，按下键，相应引脚输入低电平，与之对应的数码在数码管中显示；不按键，输入高电平。

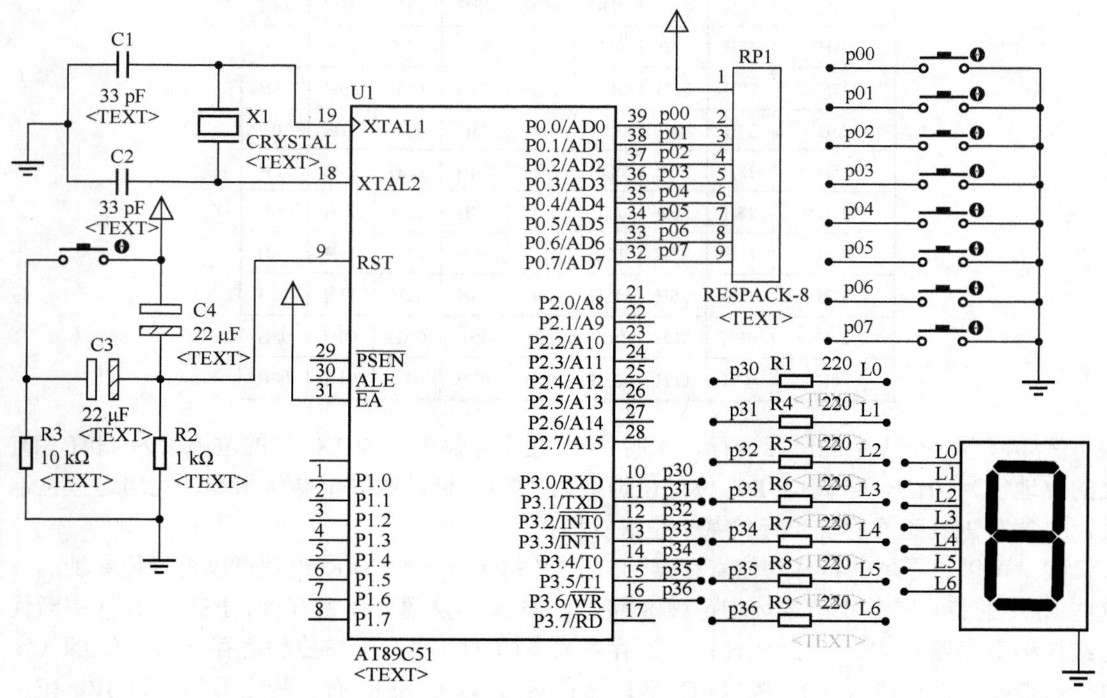

图 2-4-2　8 路抢答器设计电路

2）程序分析

系统上电时，数码管显示“—”，表示开始抢答，当记录到最先按下的按键序号时，数

码管将显示该参赛者的序号，同时无法再接受其他按键的输入；当按下复位按钮时，数码管恢复最初状态，表示可以接受新一轮的抢答。

该任务程序如下：

```
//程序：2-4-2.c
//功能：8 路抢答器控制程序
#include <reg51.h>                //包含头文件 reg51.h，定义了 51 单片机的专用寄存器
//函数名：delay
//函数功能：采用定时器 1、工作方式 1 实现 10 ms 延时，晶振为 12 MHz
//形式参数：变量 i
//返回值：无
void delay(unsigned char i)
{   unsigned char j;
    TMOD=0x10;                    //设置定时器 1、工作方式 1
    for(j=0;j<i;j++)
    {       TH1=0xd8;             //置定时器初值
            TL1=0xf0;
            TR1=1;                //启动定时器 1
            while(!TF1);          //查询计数是否溢出，即定时到，TF1=1
            TF1=0;
    }                             //10 ms 定时时间到，将定时器溢出标志位 TF1 清 0
}
void main()                       //主函数
{
    unsigned char button;         //保存按键信息
    unsigned char code disp[]={0X06,0X5b,0X4f,0X66,0X6d,0X7d,0X07,0X7f,0X00};
        //定义数组，依次存储包括 1～8 和“熄灭”的共阴极数码管显示码表
    P0=0xff;                      //读引脚状态，需先置 1
    P3=disp[8];                   //熄灭状态
    while(1)
    {
            button=P0;            //第一次读按键状态
            delay(1200);  //延时消抖
            button=P0;            //第二次读按键状态
            switch(button)        //根据按键的值进行多分支跳转
          {case 0xfe: P3=disp[0];delay(10000);while(1);break;     //1 按下，显示 1，待机
           case 0xfd: P3=disp[1];delay(10000);while(1);break;     //2 按下，显示 2，待机
           case 0xfb: P3=disp[2];delay(10000);while(1);break;     //3 按下，显示 3，待机
           case 0xf7: P3=disp[3];delay(10000);while(1);break;     //4 按下，显示 4，待机
           case 0xef: P3=disp[4];delay(10000);while(1);break;     //5 按下，显示 5，待机
           case 0xdf: P3=disp[5];delay(10000);while(1);break;     //6 按下，显示 6，待机
           case 0xbf: P3=disp[6];delay(10000);while(1);break;     //7 按下，显示 7，待机
           case 0x7f: P3=disp[7];delay(10000);while(1);break;     //8 按下，显示 8，待机
           default: break;
          }
    }
}
```

5. 任务实施

（1）在 Proteus 中按照图 2-4-2 搭接好电路，元件清单如表 2-4-3 所示。

（2）在 Keil 软件中编辑逻辑程序，进行编译，得到 HEX 格式文件。

（3）将所得的 HEX 格式文件在 Proteus 中加载到单片机芯片中。

（4）在 Proteus 中仿真，按下按键，看相应的数码管是否有显示。

（5）Proteus 中的结果正常后，用实际硬件搭接电路，通过编程器将 HEX 格式文件下载到 AT89C51 中，通电看实际效果。

表 2-4-3 元件清单

元件名称	型号	数量	Proteus 中的名称
单片机芯片	AT89C51	1片	AT89C51
晶振	12 MHz	1个	CRYSTAL
电容	22 pF	2个	CAP
电解电容	22 μF	1个	CAP-ELEC
发光二极管		8个	LED-RED
开关		8个	SWITCH
电阻	220 Ω；1 kΩ；8.2 kΩ	见电路图	RES

想一想，做一做

如果想实现 16 路抢答器，应该怎样做呢？来试一下吧。

知识梳理与总结

（1）片内 RAM 与片外 RAM 之间的数据传送。

（2）了解各指令功能及其对 PSW 的影响，重点注意用除法指令得到一个数的各位的 BCD 码的方法。

（3）运算符控制流水灯状态。

（4）数码管显示的接口电路连接方法及实现数据显示的编程方法。

（5）循环控制函数的应用，重点掌握循环次数的控制方法。

（6）要注意子程序的编写及调用。

（7）通过多重循环实现长时间延时子程序的编写方法。

（8）注意 4 个 I/O 端口的使用技巧，尤其注意 P0 口在作为输出时应接上拉电阻。在读 I/O 端口数据时，可能是读引脚数据，也可能是读 I/O 端口锁存器的数据，两者是不一样的。在读 I/O 端口引脚数据时，应注意先输出全 1 数据。

（9）注意键盘开关电路的连接方法，运用位判断转移指令实现判断是否有按键按下的方法。

练习题 2

1．试编程将 10 个数送到地址为 20H～29H 的片内 RAM 中，然后再将这 10 个存储器中的内容送到地址为 1000H～1009H 的片外 RAM 中。

2．单数码管轮流显示 10 个进制数码，要求从 9 到 0 轮流显示，循环不断。

3．试编程实现 32 个 LED 的暗点右移。

4．试编程实现 32 个 LED 的亮点左移。

5．8 个 LED 灯亮闪烁控制，要求亮 1 s，灭 0.5 s，不断闪烁 10 次。

项目3

遇到紧急情况怎么办——中断系统

教学导航

知识目标	1. 中断相关的基本概念； 2. 中断源及相关中断标志； 3. 中断控制寄存器； 4. 中断处理过程； 5. 中断优先级和中断嵌套
能力目标	1. TCON专用寄存器中IE1、IT1、IE0、IT0的功能和应用； 2. 掌握专用寄存器EA和IP的功能和应用； 3. 掌握中断入口地址的概念及中断入口地址处程序的安排； 4. 掌握中断服务程序的编写； 5. 掌握单片机片外中断的具体使用； 6. 掌握通过IP寄存器设置中断优先级的方法； 7. 掌握多个中断应用程序的编写方法
重点、难点	1. 中断所涉及的专用寄存器各位的功能； 2. 中断服务程序的编写； 3. 中断标志的功能及应用
推荐教学方式	尽量在实验室中采用“一体化”教学，通过本项目中两个任务的完成，重点介绍单片机两个外部中断的使用方法。注意，本项目将中断的基本概念与现实生活中的一些事例进行类比，方便学生理解
推荐学习方式	注意中断基本概念的理解，对于几个专用寄存器的学习一定要立足于做。在做实际项目任务的过程中加强专用寄存器各控制功能的使用技巧。编程时注意中断入口地址处指令的安排

任务3-1 单键改变8流水灯状态

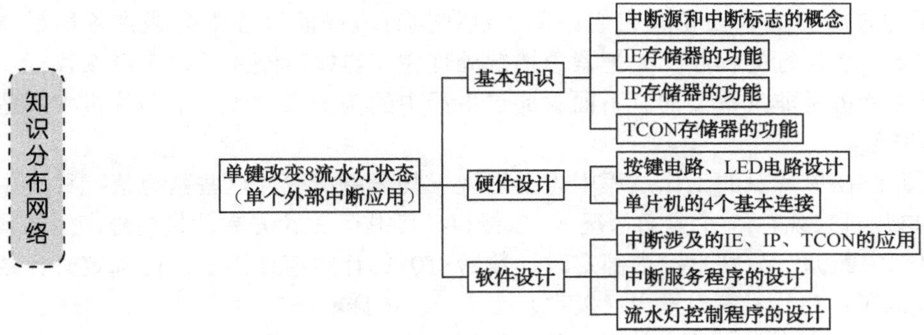

1. 任务目标

（1）TCON专用寄存器中IE1、IT1、IE0、IT0的功能和应用；

（2）掌握专用寄存器EA和IP的功能和应用；

（3）掌握中断服务程序的编写；

（4）掌握单片机片外部中断的具体使用。

2. 任务要求

通过按键K改变8个发光二极管的亮灭状态，当没有按下键时，8个LED为亮点左流动方式（每次亮一个灯，从右向左轮流亮）；当按一次K键后，8个LED一起闪烁6次，闪烁亮灭时间都为1 s。

3. 相关知识

完成本任务的方法很多，在这里可以用外部中断知识来实现，什么是外部中断？下面就详细地介绍一下中断的有关内容。

1）中断相关的基本概念

对初学者来说，中断这个概念比较抽象，其实单片机的处理系统与人的思维有着异曲同工之妙。打个很贴切的比方，假如你正在看一本书，同时又想烧一壶开水。现在有两种方法来实现：第一种方法就是守在灶边，一直盯着水壶，等到水开了，再把火关了，将水倒入水瓶后再去看书；第二种方法是自己先看书，当水烧开了，紧急情况发生，通过一个装置发出铃声报警，当人听到铃声后先在书本上做个记号（以记下你现在正读到某某页），然后停下正在做的事情（看书）去关火，将水倒入水瓶，处理完后，再找到在书中做的记号，从记号那个地方继续开始看书。很显然，第二种方法使得看书烧水两不误，效率要高得多。

第二种方法就是日常生活和工作中的中断机制。类似的情况还有很多，水烧开了实际上就是一个紧急情况，当紧急情况发生时，就要停下手中正在做的工作，先把紧急情况处理完，再回到刚才做的事情中，从被中断的地方继续做起。

那么什么是中断机制？所谓中断机制，就是指当有一个紧急情况发生了，就马上中断

正在做的事，把紧急情况处理完了，再回到刚才被打断的地方继续做的一种处理问题的方法。为什么需要中断呢？道理很简单，有时在特定的时间可能会面对两个甚至更多的任务或紧急情况，但一个人又不可能在同一时间去完成多个任务，因此只能分析任务的轻重缓急，采用中断的方法穿插着去完成它们。单片机在执行程序的过程中会遇到各种紧急情况，也需要放下正在执行的程序，先把紧急情况处理完，再接着刚才的程序继续执行。所以，中断对于单片机是非常重要的。下面就通过生活中的例子来类比一下单片机中那些有关中断的基本概念。

（1）中断源：在单片机的工作过程中也会出现一些紧急情况，这些紧急情况称为中断源。对于 51 单片机来说有 5 个紧急情况（中断源），其中有 3 个是单片机内部产生的紧急情况，称为内部中断源，分别是：内部定时计数器 T0 的计数值计满了；内部定时计数器 T1 的计数值计满了；单片机串口发送（接收）完了一次数据。

另外有 2 个单片机外部的紧急情况，称为外部中断源，分别是：外部中断 INT0（P3.2 脚）上有中断请求电信号输入；外部中断 INT1（P3.3 脚）上有中断请求电信号输入。

如果将 P3.2 脚和 P3.3 脚接到两个外部电路上，就可以监控这两个外部电路的工作情况了。

（2）中断请求和中断标志：在刚才那个例子中讲到，当水烧开这个紧急情况发生后就要发出报警的铃声，从而打断正在做的事情，进入紧急情况的处理。在单片机中断里，中断请求就像报警铃声，当单片机的 5 个紧急情况（中断源）有一个发生时，就要发出报警铃声，产生中断请求。当然，在单片机中中断请求并不真是声音，而是一些电平和脉冲信号，每个中断源都有自己的一个中断请求信号，每当某个中断源有紧急情况时，就会产生中断请求信号，中断请求信号会使某一位存储器被置为 1，这位存储器就是该中断源的中断标志，每个中断源都有自己独立的中断标志。因此，在单片机中有 5 个中断标志（共 5 位存储器，分布在 2 个专用寄存器中）与 5 个中断源一一对应，这样单片机通过检测各个中断标志就可以知道是否有中断产生，是哪个中断产生的。

（3）中断服务程序：所谓中断服务程序就是指紧急情况的处理程序，就像例子中说到的当水烧开后做的关火、倒水等操作。

（4）中断矢量（中断入口地址）：中断矢量，也称为中断入口地址，实际上就是中断服务程序第一条指令在程序存储器中的地址。其实不光是中断程序有入口地址，主程序和子程序都有入口地址，只不过这些程序的入口地址在理论上可以安排在任何地方，但中断服务程序的入口地址做了硬性规定。中断分配表见表 3-1-1。

表 3-1-1　中断分配表

中断名称		中断号	中断入口地址
外部中断 0	INT0	0	0003H
定时/计数器 0	T0	1	000BH
外部中断 1	INT1	2	0013H
定时/计数器 1	T1	3	001BH
串行端口	RI/TI	4	0023H

单片机中紧急情况的处理程序（中断服务程序）的定义必须用到 interrupt 指令来指明其入口地址，其具体格式为“interrupt 中断号”。例如，在程序中定义外部中断 0 的中断服务程序时，可用以下语句实现：

```
void  ISR_EX0() interrupt 0
```

其中，ISR_EX0 为中断服务程序的名称（不固定，可以自己取）；“0”为外部中断 0 的中断号。

（5）中断优先级和中断嵌套：在刚才那个例子中说到，当水烧开后应该停下手中正在做的事，进行紧急情况的处理，开始关火，倒水进水瓶，即执行中断服务程序。假设在这个时候，厨房出现了煤气泄漏，你肯定会马上停下正在进行的中断服务程序（倒开水），先把煤气泄漏这个更加紧急的情况处理完，然后再处理前面的紧急情况。可见，同样是紧急情况，却有轻重缓急之分，这就是优先级的概念。严重的紧急情况应该有更高的优先级别，能够被优先处理。在单片机中，5 个中断源并不是地位平等的，高级别的中断就像现实生活中更加严重的紧急情况，它可以打断低级别中断源的中断服务程序的执行。当同时有几个中断请求发生时，单片机优先响应级别最高的那个中断，再依次处理级别低的。

像这种一个更严重的紧急情况（级别高的中断）将另一个紧急情况（级别低的中断）的中断服务程序打断的机制称为中断嵌套。

2）外部中断源及相关中断标志

中断源是指能发出中断请求，引起中断的装置或事件（即紧急情况）。51 单片机的中断源共有 5 个，其中 2 个为外部中断源，3 个为内部中断源。

这里先介绍 2 个外部中断，3 个内部中断将在第 4、5 章详细介绍。INT0 外部中断的中断请求信号通过单片机的 P3.2 脚输入，INT1 外部中断通过 P3.3 输入。而 2 个外部中断对应的 2 个中断标志都在同一个专用寄存器 TCON 中。TCON 的结构见表 3-1-2。这里先介绍低 4 位的功能，另外 4 位的功能下一章再细说。

表 3-1-2 TCON 的结构

TCON	D7	D6	D5	D4	D3	D2	D1	D0
	TF1	TR1	TF0	TR0	IE1	IT1	IE0	IT0
位 地 址	8FH	8EH	8DH	8CH	8BH	8AH	89H	88H

IE1：外部中断 1 的中断标志。

IE0：外部中断 0 的中断标志。

当有中断请求电信号从 P3.2 脚或 P3.3 脚送到单片机时，相应的中断标志 IE1 或 IE0 就会自动置为 1，单片机就可以知道有外部紧急情况发生了。

单片机的中断请求信号类似于报警铃声，但实际上它是电信号，电信号的种类非常多，可以是正弦波电信号，也可以是方波电信号，那么对于 2 个外部中断，究竟选择什么样的电信号来作为中断请求呢？只能有 2 种选择，一种是低电平信号，另一种是下降沿信号。是选低电平还是选下降沿，是由 TCON 寄存器中的 IT1 和 IT0 这 2 位存储器来控制的。下面就来仔细说明一下 IT1 和 IT0 的作用。

IT1：决定外部中断 INT1 的中断请求电信号的类型。当 IT1=1 时，选择下降沿作为中断请求信号；当 IT1=0 时，选择低电平作为中断请求信号。

IT0：作用与 IT1 一样，只不过是对外部中断 INT0 的中断请求信号进行控制。

如果外部中断的中断请求信号选择下降沿，那么当有中断请求时，中断标志会自动置 1，响应中断后，中断标志会自动清 0。而如果中断请求信号选择低电平时，那么当有中断请求时，中断标志也会自动置 1，但响应中断后不能自动清 0，必须保证低电平中断请求信号消失，这样才能通过位操作指令来进行软件清 0，比较麻烦，所以一般情况都选择下降沿作为中断请求信号。

小贴士 外部中断 INT0 的中断请求电信号是从 P3.2 脚输入的，外部中断 INT1 的中断请求电信号是从 P3.3 脚输入的。

TCON 寄存器还剩下 4 位存储器，分别是 TF1、TR1、TF0、TR0。其中，TF0 和 TF1 分别是片内 2 个定时/计数器 T0 和 T1 的计数值溢出中断的中断标志；TR0 和 TR1 分别是片内 2 个定时/计数器 T0 和 T1 开始定时/计数的开启控制位，它们的使用方法将在第 4 章详细介绍。

小贴士 TCON 寄存器有位寻址功能。

3）中断控制寄存器

中断控制寄存器主要有 3 个，TCON、IE 和 IP。TCON 刚才做了介绍，下面重点看看 IE 和 IP 对中断是怎样进行控制的。

（1）中断允许寄存器 IE。51 单片机对中断的开放和屏蔽是由中断允许寄存器 IE 的控制实现的，IE 的结构格式见表 3-1-3。

表 3-1-3 IE 寄存器结构

IE	D7	D6	D5	D4	D3	D2	D1	D0
	EA	—	—	ES	ET1	EX1	ET0	EX0
位 地 址	AFH			ACH	ABH	AAH	A9H	A8H

下面对 IE 寄存器的各控制位进行介绍。

EA：中断总控制位。EA=1，CPU 开放中断；EA=0，CPU 禁止所有中断。

ES：串行端口中断控制位。ES=1，允许串行端口中断；ES=0，屏蔽串行端口中断。

ET1：定时/计数器 T1 中断控制位。ET1=1，允许 T1 中断；ET1=0，禁止 T1 中断。

EX1：外部中断 1 中断控制位。EX1=1，允许外部中断 1 中断；EX1=0，禁止外部中断 1 中断。

ET0：定时/计数器 T0 中断控制位。ET0=1，允许 T0 中断；ET0=0，禁止 T0 中断。

EX0：外部中断 0 中断控制位。EX0=1，允许外部中断 0 中断；EX0=0，禁止外部中断 0 中断。

这 6 位存储器可以理解为 6 个通道阀门，这个通道是用来传送各个中断源的中断请求信号的。当有中断（紧急情况）发生时，单片机会自动地将对应中断标志位置 1，但这个中

断标志能不能让单片机的 CPU 知道，就要看这 6 个阀门是否是闭合的。如果这 6 位存储器值为 1，则对应阀门开启；若值为 0，则阀门关闭。其中，EA 是总阀门，其他 5 位是相应中断的分阀门，要想某个中断的中断标志能够顺利地被单片机知道，必须保证相应的传送通道顺畅。比如，要使 INT0 外部中断有效，必须同时开启总阀门 EA 和 INT0 对应的分阀门 ET0，把它们置 1 即可；要关闭 INT0 中断，只需要分阀门 ET0 关闭（清 0）即可。当然也可以将总阀门 EA 清 0 关闭，但这样就会把所有的通道关闭，使得所有的中断都变无效了，此时即使有紧急情况发生，单片机也不会理睬。

（2）IP 寄存器（优先级控制）：51 单片机有两个中断优先级，即高优先级和低优先级，每个中断源都可设置为高或低中断优先级。高优先级的中断可以打断低优先级的中断服务程序，反过来却不行。就像前面举的现实生活中的例子一样，高优先级的中断是更加紧急的情况（如煤气泄漏），它肯定应该优先被响应和处理，可以打断级别低的紧急情况（如水烧开）的处理，反过来却不行。

51 单片机有一个申请优先级高低的寄存器 IP，IP 的格式见表 3-1-4，字节地址是 B8H。

表 3-1-4 IP 中断控制寄存器结构

IP	D7	D6	D5	D4	D3	D2	D1	D0
	—	—	—	PS	PT1	PX1	PT0	PX0
位地址				BCH	BBH	BAH	B9H	B8H

PS：串行端口优先级控制位。PS=1，串行端口定义为高优先级中断；PS=0，串行端口定义为低优先级中断。

PT1：定时器 1 优先级控制位。PT1=1，定义定时器 1 为高优先级中断；PT1=0，定义定时器 1 为低优先级中断。

PX1：外部中断 1 优先级控制位。PX1=1，定义外部中断 1 为高优先级中断；PX1=0，定义外部中断 1 为低优先级中断。

PT0：定时器 0 优先级控制位。PT0=1，定义定时器 0 为高优先级中断；PT0=0，定义定时器 0 为低优先级中断。

PX0：外部中断 0 优先级控制位。PX0=1，定义外部中断 0 为高优先级中断；PX0=0，定义外部中断 0 为低优先级中断。

当把相应的数据位置为 1 时，该中断被设为高级别中断；当置为 0 时，该中断被设为低级别中断。高级别中断的中断请求比低级别中断优先被单片机处理。

例如，有条赋值指令给 IP 赋了一个值（00010110B）如下：

```
IP=0x16;
```

通过前面的介绍可以知道，该指令将 PS、PT0、PX1 这 3 位数据置为 1，PX0 和 PT1 置为 0，这是将 5 个中断中的串口中断、定时器 T0 中断和外部中断 INT1 设置为高级别中断，定时器 T1 中断和外部中断 INT0 设置为低级别中断。此时若定时器 T1 中断和串口中断同时有请求，单片机将优先响应高级别的串口中断。

如果都是高级别的中断或者都是低级别的中断，谁的级别高一些呢？比如上例，若是定时器 T0 中断和外部中断 INT1 这两个中断同时到来，单片机该优先响应谁呢？在单片机中，还有一个默认的优先级，如下：

① INT0，外部中断 0；

② T0，定时/计数器 0 溢出中断；

③ INT1，外部中断 1；

④ T1，定时/计数器 1 溢出中断；

⑤ 串行中断。

从上到下，默认的优先级别从高到低。

回到刚才的例子，定时器 T0 中断和外部中断 INT1 在 IP 中的级别设置位被置为 0，都是低级别中断，但 T0 中断比 INT1 中断的默认优先级高，故 T0 中断比 INT1 中断有更高的优先级别。

结论：中断级别高低的判断方法就一句话——先按 IP 各位的值判断中断级别，再按默认优先级判定同级别里中断级别的高低。

大家不妨试着排一下刚才那个例子中中断的优先级从高到低的排列顺序。

小贴士 （1）通过对 IP 存储器中的各位置 1、置 0，配合默认的优先级，就可以根据自己的需要设置 5 个中断源的中断级别高低顺序。

（2）IP 具有位操作功能。

4）中断处理过程

中断处理过程大致可分为三步：中断请求、中断响应、中断处理。

（1）中断请求：中断源发出中断请求信号，使相应中断标志置 1，如果中断控制寄存器 IE 中的总阀门和相应分阀门是开启（即相应位被置 1）的，则这个中断标志的变化就会传送到 CPU 中。

（2）中断响应：CPU 检测到某中断标志为“1”，在满足中断响应条件下，响应中断。

中断响应的主要内容就是由单片机自动中断正在执行的程序，跳到该中断源对应的中断入口地址处，执行放在那里的程序，各中断源的入口地址见表 3-1-5。

表 3-1-5 各中断源入口地址

中 断 源	入 口 地 址
外部中断 0	0003H
定时/计数器 0	000BH
外部中断 1	0013H
定时/计数器 1	001BH
串行端口中断	0023H

这个过程是通过单片机自动控制 PC 指针里面的内容来完成的。单片机检测到中断后，首先将旧 PC（代表被打断程序的中断点）的内容压入堆栈以保护断点，然后把中断入口地址赋予 PC，CPU 便按新的 PC 地址（即中断服务程序入口地址）去执行中断服务程序。

单片机为什么要有这么一个自动保护断点的操作呢？大家还记得前面举的那个看书烧水的例子吗？在那个例子中，当水烧开后，要先在书上做个记号，再去处理开水。做记号的目的是可以让我们记住书是看到哪个地方被打断的，方便处理完开水后接着从刚才被打断的地方开始看书，那个记号就相当于这里讲的旧的PC值，也就是断点。

值得一提的是，各中断入口地址之间只有 8 个存储单元的距离，一般情况下（除非中断程序非常简单），8 个存储单元都不可能装下一个完整的中断服务程序。因此，通常在这些入口地址区放置一条无条件转移指令，当发生中断时，执行这条放在中断入口地址处的无条件转移指令。通过这条转移指令，可以把中断服务程序放在任意一个地方。具体方法参见后面的程序。

小贴士 中断响应条件：

① 该中断对应“阀门”（总阀门和分阀门）已打开；

② CPU 此时没有响应同级或更高级的中断；

③ 当前正处于所执行指令的最后一个机器周期；

④ 正在执行的指令不是 RETI 或者是访问 IE、IP 的指令。

若排除 CPU 正在响应同级或更高级的中断情况，则中断响应等待时间为 3～8 个机器周期。

（3）中断处理：CPU 响应中断请求后，就应该进入相应中断的入口地址，转入执行中断服务程序。不同的中断源、不同的中断请求可能有不同的中断处理方法，但它们的处理流程一般都如下所述。

① 现场保护和现场恢复：中断是要放下正在执行的程序去执行处理紧急情况的中断服务程序，为了在执行完中断服务程序后再回头执行刚才被打断的程序时，知道程序是在何处被打断的，各有关寄存器被打断时内容是什么，就必须在转入执行中断服务程序前，将这些内容和状态进行备份——即保护现场。就像前面举的例子，在看书时，水烧开后要进行紧急情况处理时，必须在书本上做个记号，以便在处理完后回来看书时，知道从哪些内容继续往下看。计算机的中断处理方法也如此，中断开始前需将有关寄存器的内容压入堆栈进行保存，以便在恢复原来程序时使用。

中断服务程序完成后，继续执行原先的程序，这时需把保存的内容从堆栈中弹出，恢复寄存器和存储单元的原有内容，这就是现场恢复。

如果在执行中断服务程序时不按上述方法进行现场保护和恢复现场，就会使程序运行紊乱，使单片机不能正常工作。

② 中断打开和中断关闭：在中断处理过程中，可能又有新的中断请求到来，这里规定，现场保护和现场恢复的操作是不允许被打扰的，否则保护和恢复的过程可能使数据出错，为此在进行现场保护和现场恢复的过程中必须关闭总中断，屏蔽其他所有中断，待这个操作完成后再打开总中断，以便实现中断嵌套。

③ 中断服务程序：中断服务程序就是执行中断处理的具体内容，即紧急情况的处理程序。所有的中断都要转去执行中断服务程序，进行中断服务。

④ 中断返回：执行完中断服务程序后必然要返回，中断返回就是使程序运行从中断服务程序转回到原工作程序中。

4. 任务分析

1）硬件电路分析

该任务采用的硬件电路如图 3-1-1 所示。

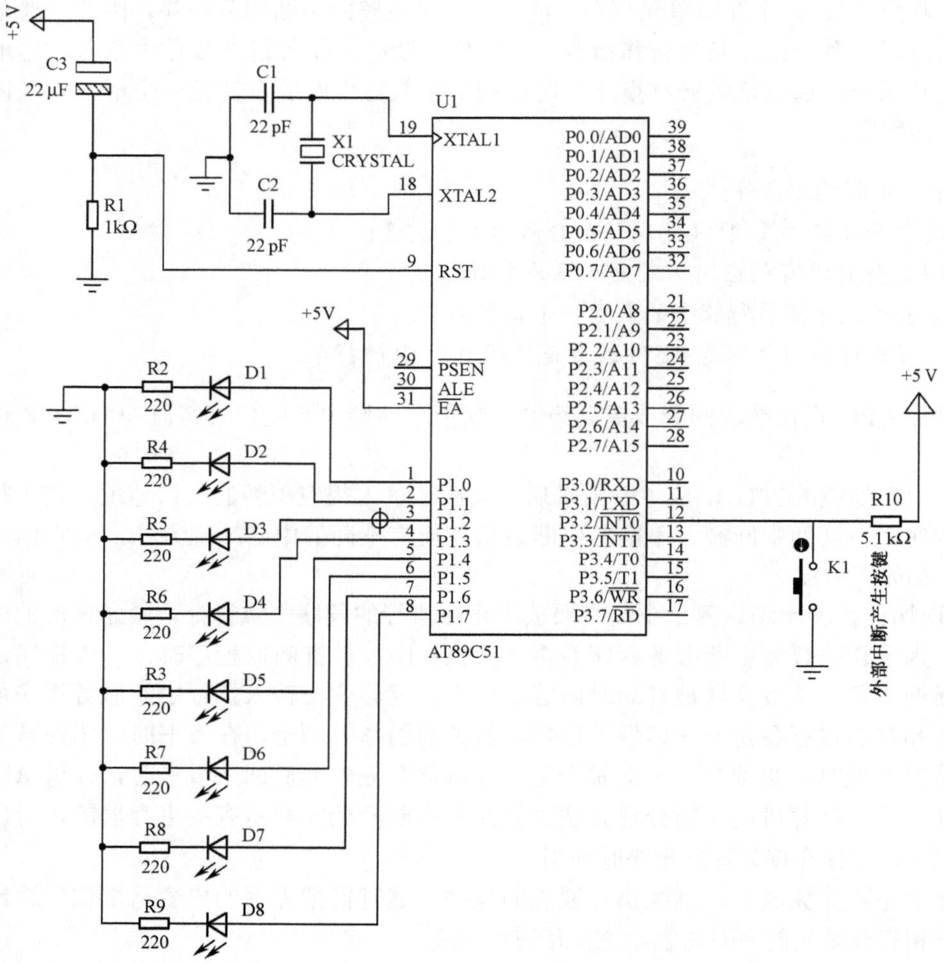

图 3-1-1 单键改变 8 流水灯状态电路图

（1）流水灯电路：R2～R9 为 8 个限流电阻，D1～D8 为 8 个发光二极管，亮灭受 P1 口的 8 位控制，输入 1 亮，输入 0 灭。

（2）按键电路：由按键 K1、电阻 R10 构成。当不按 K1 键时，外部中断 0 的中断请求输入脚 P3.2 输入高电平；当按下 K1 键时，P3.2 脚与地短路，变为低电平，这样就产生一次电平由高到低的变化，即一个下降沿，这个下降沿通过 P3.2 脚送到单片机内。如果通过软件将 IT0 位（INT0 中断触发方式控制位）置为 1（选择下降沿作为中断请求信号），就会产生中断请求，每按一次 K1 键，就产生一次中断请求。

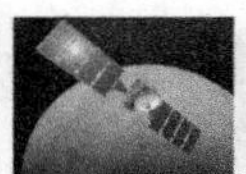

2）软件分析

程序如下：

```
#include <reg51.h>          //包含头文件，定义 51 单片机专用寄存器

unsigned char LED_Mode[2]={0x80,0xFF};   //定义流水灯方式的变量
unsigned char Mode_Flag;                 //流水切换标志
void LED_Display();             //声明函数：显示
void ISR_EX0();                 //声明函数：外部中断 0 的服务程序
void delay();                   //声明函数：时间延迟

void main()
{
    P1=0x00;
    Mode_Flag=0;
    EA=1;                       //打开芯片中断
    EX0=1;                      //打开外部中断 0
    IT0=1;                      //外部中断请求类型：0—低电平，1—下降沿
    LED_Display();              //流水灯方式 1
}

void ISR_EX0() interrupt 0      //外部中断 0
{
    Mode_Flag=!Mode_Flag;       //切换流水方式
}

void LED_Display()              //LED 流水灯方式 1
{
    unsigned char i;
    i=LED_Mode[Mode_Flag];
    while(1)
    {
        P1=i;
        i>>=1;
        delay();
        if(i==0)
        {
            P1=i;
            delay();
            i=LED_Mode[Mode_Flag];
        }
    }
}

void delay()                    //延迟一定时间
{
```

```
        unsigned char i,j;
        for(i=0;i<220;i++)
            for(j=0;j<220;j++)    ;
    }
```

总体说明：两种显示状态由 Mode_Flag 控制切换。

main 为主程序，控制流水灯显示第一种状态（亮点上流动）。

引脚 INT0 为由按键 K1 引起的外部中断 0 的中断服务程序，控制流水灯显示第二种状态（全亮后，由下往上依次熄灭）。

3）知识总结

单片机的中断程序怎样编写？从上面任务的程序中体会一下外部中断服务程序的编制方法。

（1）首先必须在主程序中对中断系统进行初始化，包括以下几点。

① 开中断，即设定 IE 寄存器。

如上面程序中的

```
EA=1;     //开总中断控制位
EX0=1;    //开外部中断 0
```

② 设定中断优先级，即设置 IP 寄存器。

本任务中只用了一个中断，没有设置中断优先级。

③ 外部中断，必须设定中断请求信号方式，即设定 IT0、IT1 位。

如上面程序中的“IT0=1”设外部中断 0 为下降沿触发方式。

（2）中断初始化结束后就可以编制中断服务程序，编制中断服务程序时应注意以下几点。

① 中断服务程序必须指定其中断号。

因为外部中断 0 占用的是 0 号中断位置，所以任务程序中的代码应写为：

```
void ISR_EX0() interrupt 0        //interrupt 指令即指定其中断号为 0
```

② 不可在中断服务程序中使用死循环命令。

如“while(1)”，这将使中断服务程序无法自动跳出，造成程序锁死。

5. 任务实施

（1）在 Proteus 中按图 3-1-1 连好电路，元件清单如表 3-1-6 所示。

（2）用 Keil 编写程序，进行编译，得到 HEX 格式文件。

（3）将所得的 HEX 格式文件在 Proteus 中加载到单片机芯片中。

（4）开始仿真，看硬件仿真结果。

（5）Proteus 中的结果正常后，用实际硬件搭接电路，通过编程器将 HEX 格式文件下载到 AT89C51 中，通电看实际效果。

通过本节的学习，同学们应该了掌握单片机中断的相关概念和外部中断的应用。但这个任务中只用到了一个中断，如果要同时用到两个或两个以上的中断该怎么办呢？不要着急，这个内容将在下一个任务中详细学习。

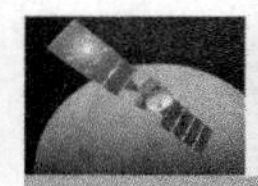

表3-1-6　元件清单

元件名称	型　号	数　量	Proteus中的名称
单片机芯片	AT89C51	1片	AT89C51
发光二极管		8个	LED-RED
晶振	12 MHz	1个	CRYSTAL
电容	22 pF	2个	CAP
电解电容	22 μF/16 V	1个	CAP-ELEC
按键		1个	SWITCH
电阻	1 kΩ；5.1 kΩ；220 Ω	数量参见电路图	RES

任务3-2　双键改变8流水灯状态

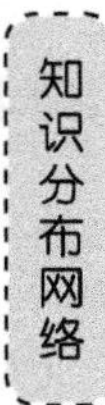

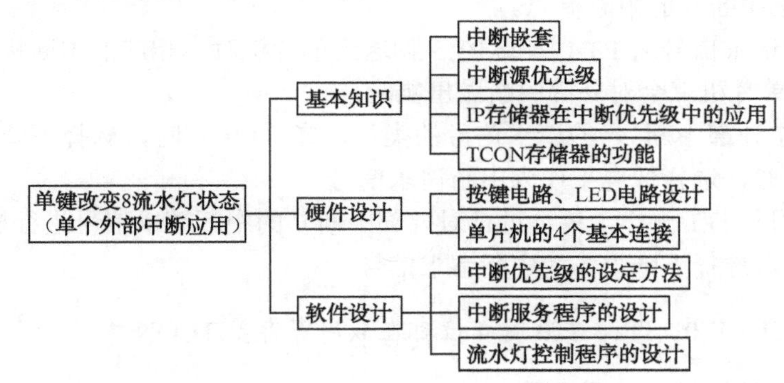

1. 能力目标

（1）巩固片外部中断的使用方法；

（2）掌握通过IP专用寄存器设置中断优先级的方法；

（3）掌握多个中断应用程序的编写方法；

（4）掌握中断嵌套的概念和使用方法。

2. 任务要求描述

用单片机控制由8个LED发光二极管组成的流水灯的亮灭，有以下3种亮灭状态：

（1）亮点上流动（每0.5 s亮点向上移动1次）；

（2）8个LED全亮全灭闪烁，亮灭时间都为0.5 s；

（3）暗点下流动（7个亮，1个不亮，暗点每隔0.5 s向下移动一次）。

3种显示状态由2个按键K1、K2控制，没按键按下时，流水灯显示第一种状态；按下K1键，显示第二种状态（闪烁6次后恢复原状态）；按下K2键则显示第三种状态4 s，然后恢复原状态。要求K2键的级别比K1键的高，即按下K2键可以改变K1键对应的显示状态；反过来，按下K1键却不能改变K2键对应的状态。

3. 相关知识

1）中断优先级和中断嵌套

关于中断的优先级和中断嵌套在前一节做了详细介绍，利用 IP 寄存器相关位置 1 或 0 与单片机默认的中断优先等级一起配合，就可以按自己的意愿安排 5 个中断源优先级别的高低，高级别中断可以打断低级别中断的中断服务程序，形成中断嵌套，反过来却不行。

例：通过“IP=0x14;”指令给 IP 送一个值，现在你能排出 5 个中断源的优先级高低吗？试试看。

2）外部中断相关中断标志及中断请求信号的选择

这个内容在上节也进行了系统讲解，这里再简单介绍一下。

51 单片机共有 2 个外部中断源。

（1）INT0：外部中断 0，中断请求信号由 P3.2 脚输入。

（2）INT1：外部中断 1，中断请求信号由 P3.3 脚输入。

IE1：外部中断 1 的中断标志。

IE0：外部中断 0 的中断标志。

当有中断请求信号从 P3.4 脚或 P3.5 脚送到单片机时，相应的中断标志 IE1 或 IE0 就会自动置为 1，单片机就会对外部中断做出响应。

IT1：决定外部中断 1 的请求信号的类型，当 IT1=1 时，选择下降沿作为中断请求信号；当 IT1=0 时，选择低电平作为中断请求信号。

IT0：作用与 IT1 一样，只不过是对外部中断 0 的中断请求信号进行控制。

一般情况，选择下降沿作为中断请求信号。

小贴士 IE1、IE0、IT1、IT0 这 4 位都在专用寄存器 TCON 中。

3）中断阀门控制（IE 寄存器）

51 单片机对中断的开放和屏蔽是由中断允许寄存器 IE 来控制的。在这个任务中将用到 3 个外部中断的控制阀门，如下。

EA：中断总阀门，EA=1，打开总阀门；EA=0，关闭总阀门，所有中断被禁止。

EX1：外部中断 1 中断控制位，EX1=1，允许外部中断 1 中断；EX1=0，禁止外部 INT1 中断。

EX0：外部中断 0 中断控制位，EX0=1，允许外部中断 0 中断；EX0=0，禁止外部 INT0 中断。

4）外部中断的入口地址

当外部中断有请求时，如果条件合适，单片机就会响应中断，将正在进行的程序停下来，自动将旧 PC 值（断点）保存，然后自动跳到该中断对应的固定的入口地址，执行那里的指令。

4. 任务分析

在上一节的任务中学到，将一个按键作为外部中断的中断请求控制，按下键产生中断请求，在中断服务程序中就可以把主程序中的流水灯状态改变为另一种状态，实现两种流水灯状态的转换。现在要实现三种状态之间的转换，多了一种状态。很自然可以想到能不能再利用一个中断，在新利用的这个中断的中断服务程序中显示多出来的那个状态，这样，在主程序中显示一个状态，在两个中断服务程序中各显示一个状态，不就可实现三种状态的显示了吗？实际上也是这样做的，将两个外部中断 INT0 和 INT1 都利用起来。

1）硬件电路分析

该任务采用的硬件电路如图 3-2-1 所示。

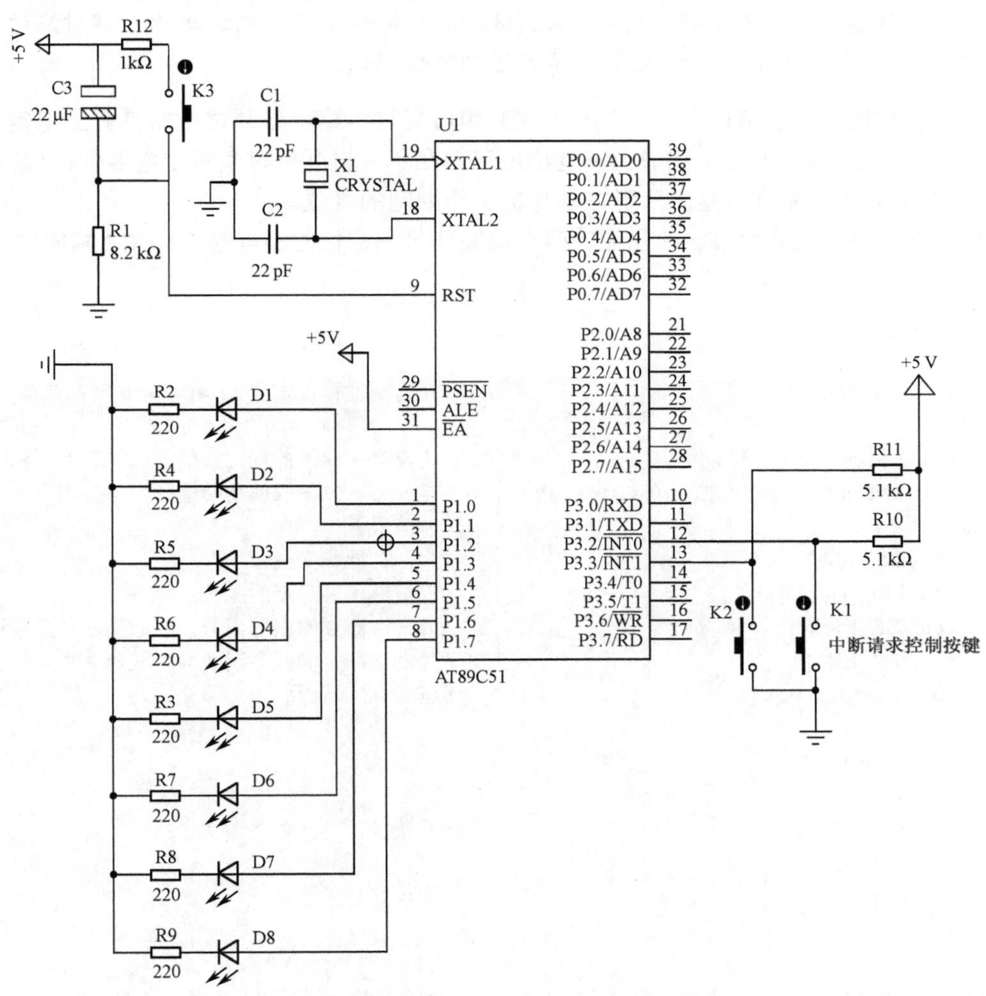

图 3-2-1　双键改变 8 流水灯电路图

（1）流水灯电路：流水灯电路由 8 个发光二极管和 8 个限流电阻构成。D1～D8 为 8 个发光二极管，R2～R9 为限流电阻。发光二极管的亮灭受 P1 口的 8 位控制，二极管正端通过限流电阻接+5V 电源，负端接 P1 各脚。当引脚输出 1 时，灯灭；当输出 0 时，灯亮。通过使 P1 输出不同的值，就可使 8 个发光二极管呈现不同的亮灭状态。

（2）中断控制按键电路：由按键 K1、K2 和电阻 R10、R11 构成。当不按键时，两个外部中断的中断请求输入脚 P3.2 和 P3.3 输入高电平。当按下 K1 键时，P3.2 脚与地短路，变

为低电平，这样就产生一次电平由高到低的变化，即一个下降沿，这个下降沿通过 P3.2 脚送到单片机内。如果通过软件将 IT0 位置为 1（选择下降沿作为中断请求信号），则会产生中断请求，每按一次 K1 键，就产生一次外部中断 INT0 的中断请求。同样的道理，只要按一下 K2 键，就会在 P3.3 脚上产生一个下降沿，引发一次外部中断 INT1 的中断请求。可见，K1 键控制着外部中断 0 的中断请求，K2 键控制着外部中断 1 的中断请求。

注意 根据前面的任务要求，K2 键应该比 K1 键有更高的级别，即 K2 键可以中断 K1 键所对应的显示状态，反之则不行。所以，K2 键对应的中断 INT1 应该比 K1 键对应的中断 INT0 的级别高，在软件设计时要注意 IP 寄存器的取值问题。

（3）复位电路：C3、R1、R12 和按键 K3 组成复位电路，该复位电路具有上电复位和按键复位两个功能。C3 与 R1 构成上电复位电路，在单片机开机时负责上电复位；按键 K3 与 R12、C3 构成按键复位电路，负责在单片机工作期间的复位。

（4）晶振电路：由 12 MHz 的晶振、两个提高信号稳定性的小电容 C1、C2 构成。

2）软件分析

程序如下：

```
#include <reg51.h>                              //包含头文件，定义 51 单片机专用寄存器

unsigned char Mode_Flag;                        //定义亮灭状态的标志取值：0、1、2
unsigned char Mode_Init[3]={0x80,0x00,0x01};    //定义各状态模式的初始值

void INT_Init();                                //中断初始化函数
void LED_Display();                             //完成第 1 种显示的函数
void ISR_EX0();                                 //外部中断 0 的服务函数，完成第 2 种显示
void ISR_EX1();                                 //外部中断 1 的服务函数，完成第 3 种显示
void delay_half1s();                            //延迟 0.5 s 函数

void main()
{
    Mode_Flag=0;                                //没按按钮时，第 1 种状态
    INT_Init();
    LED_Display();                              //流水灯方式 1
}

void ISR_EX0() interrupt 0                      //外部中断 0，系统分配的中断号为 0
{
    unsigned char i;
    Mode_Flag=1;                                //切换流水方式 1
    i=Mode_Init[Mode_Flag];
    while(1)
    {
        P1=i;                                   //P1 控制 LED 显示
        delay_half1s();                         //延迟 0.5 s
        i=~i;                                   //控制全亮、全灭转换（~取位反）
```

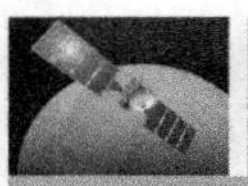

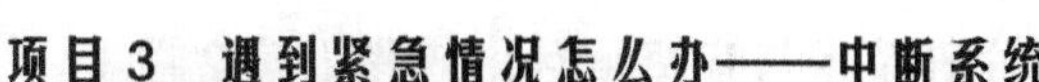


```
        }
}

void ISR_EX1() interrupt 2                    //外部中断 1，系统分配的中断号为 2
{
        unsigned char i;
        Mode_Flag=2;                           //切换流水方式 2
        i=Mode_Init[Mode_Flag];
        while(1)
        {
                P1=~i;                         //P1 控制 LED 显示，控制暗点（~取位反）
                delay_half1s();                //延迟 0.5 s
                i<<=1;                         //暗点向下移动
                if(i==0)                       //暗点重新置位
                {
                        i=Mode_Init[Mode_Flag];
                }
        }
}

void INT_Init()                                //中断寄存器的初始化函数
{
        EA=1;                                  //打开中断总开关
        EX0=1;                                 //打开外部中断 0
        IT0=1;                                 //外部中断 0 请求类型：0—低电平；1—下降沿
        EX1=1;                                 //打开外部中断 1
        IT1=1;                                 //外部中断 1 请求类型：0—低电平；1—下降沿
        IP=0x04;                      //设置外部中断 1 为高优先级，其他中断为低优先级
}

void LED_Display()                    //执行状态函数
{
        unsigned char i;
        i=Mode_Init[Mode_Flag];
        while(1)
        {
                P1=i;                 //P1 控制 LED 显示
                delay_half1s();       //延迟 0.5 s
                i>>=1;                //亮点向上移动
                if(i==0)              //亮点重新置位
                {
                        i=Mode_Init[Mode_Flag];
                }
        }
}
```

```
void   delay_half1s()                          //定义延迟函数，函数功能：延迟 0.5 s
{
    unsigned int R1;
    for(R1=10;R1>0;R1--)
    {
        TMOD=0x01;                             //设定定时器 T0 工作方式
        TH0=0x3C;                              //设置定时器 0 的初值
        TL0=0xB0;
        TR0=1;                                 //启动定时器 0
        while(!TF0);                           //等待中断标志溢出
        TF0=0;                                 //清溢出标志
    }
}
```

软件总体说明：三种显示状态分别由三段程序控制。

main()为主程序，控制流水灯显示第 1 种状态，由 LED_Display()函数完成具体控制。

ISR_EX0()函数为由按键 K1 引起的外部中断 0 的中断服务程序，控制流水灯显示第 2 种状态。

ISR_EX1()函数为由按键 K2 引起的外部中断 1 的中断服务程序，控制流水灯显示第 3 种状态。

思考一下：如果想让 K1 键比 K2 键级别高（与任务中的要求相反），该怎样对程序进行修改？你来试试看。

3）知识总结

单片机中断优先级别的控制：上面的任务程序中通过“IP=0x04;”指令使得中断 INT1 被设置为高级别中断，其他 4 个中断源为低级别中断，与 51 单片机默认的中断优先级别配合，可得出在本任务中 5 个中断源从高到低的排列顺序为

外部中断 INT1－外部中断 INT0－定时器 T0 中断－定时器 T1 中断－串口

为什么要这样设置？主要是由于硬件电路里 K2 键连接 INT1 的中断请求脚 P3.3，任务要求 K2 的级别比 K1 高的缘故。

5. 任务实施

（1）在 Proteus 中按图 3-2-1 连好电路，元件清单如表 3-2-1 所示。

（2）用 Keil 编写程序，进行编译，得到 HEX 格式文件。

（3）将所得的 HEX 格式文件在 Proteus 中加载到单片机芯片中。

（4）开始仿真，分别按下两个按键，看流水灯状态改变的硬件仿真结果与预想的是否一样。

（5）实际搭接硬件电路，通过编程器将 HEX 格式文件下载到 AT89C51 中。

（6）通电看电路实际运行效果。

表 3-2-1　元件清单

元件名称	型　号	数　量	Proteus 中的名称
单片机芯片	AT89C51	1 片	AT89C51

续表

元件名称	型　号	数　量	Proteus 中的名称
发光二极管		8 个	LED-RED
晶振	12 MHz	1 个	CRYSTAL
电容	22 pF	2 个	CAP
电解电容	22 μF/16 V	1 个	CAP-ELEC
按键		3 个	BUTTON
电阻	1 kΩ；5.1 kΩ；220 Ω；8.2 kΩ	数量参见电路图	RES

知识梳理与总结

（1）中断源就像现实生活中的紧急情况，能够打断正在执行的主程序。

（2）51 单片机内有 5 个中断源，每个中断源有自己的一个中断标志，当中断源产生中断请求后，对应的中断标志要置 1，单片机就可以通过这个标志知道有紧急情况发生了。

（3）每个中断服务程序都有一个入口地址，需要对中断服务程序合理地分配中断号（即入口地址）。

（4）通过 IP 专用寄存器和默认优先级别一起作用，可以根据需要设置中断的优先级高低顺序。

（5）中断在使用之前要注意置 IE 存储器的相应位为 1。

（6）外部中断 INT0 和 INT1 在使用时要注意触发方式的选择，一般选择边沿触发。

（7）两个外部中断的触发电信号输入是分别通过 P3.2 脚和 P3.3 脚输入的。

练习题 3

1. 试总结在使用外部中断时，需要对哪些专用寄存器进行初始设置。
2. 试总结中断服务程序的编写步骤。
3. 本章任务 3-2 中，将按键 K1 与按键 K2 的优先级别交换一下，试编程实现。
4. 试用中断实现下面的设计要求：设计一个电路，用按键 K1 控制 8 个 LED，当没有按下按键时，8 个 LED 全都不亮；当按下按键 K1 时，8 个 LED 闪烁 5 次，亮灭时间都设为 0.5 s。

项目4

看看单片机的闹钟——定时/计数器

教学导航

知识目标	1. 专用寄存器TMOD、TCON、TH1、TL1、TH0、TL0的功能； 2. 定时/计数器的4种工作方式；　3. 定时时间的计算； 4. 多次溢出的处理方法；　5. 定时/计数器计数方式与定时方式； 6. 音乐产生原理；　7. 定时中断处理
能力目标	1. 根据需要选择定时/计数器的工作方式；　2. 根据需要设置TMOD; 3. 根据需要计算计数器的初值；　4. 掌握定时/计数器产生不同频率脉冲方法； 5. 了解定时初值与音阶声调关系；　6. 完成查表装入计数器初值的程序设计； 7. 双计数器综合使用的程序设计；　8. 编写查询溢出处理方式程序； 9. 编写中断溢出处理方式程序
重点、难点	1. TMOD的设置；　2. 计数初值的计算； 3. 中断溢出处理方式；　4. 双计数器的处理； 5. 声调与脉冲频率及初值的对应关系
推荐教学方式	在实验室中采用“一体化”教学，注意与前一章所讲的中断部分的知识结合起来进行讲解
推荐学习方式	注意几个专用寄存器功能的掌握，在学习之前应注意温习一下项目3的内容

任务 4-1　控制 LED 发光二极管隔 1 s 闪烁

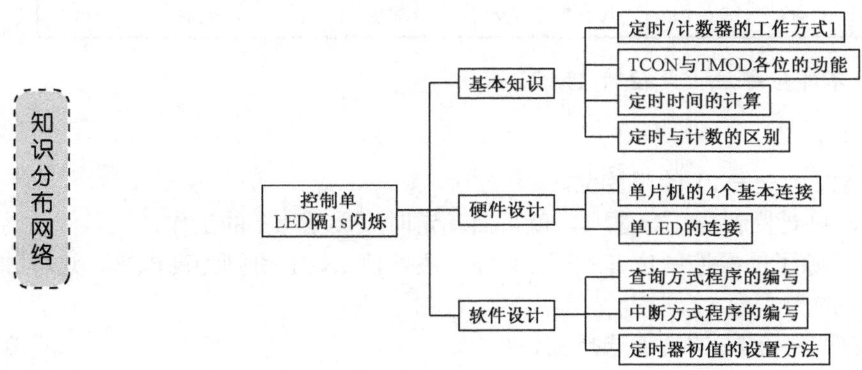

1. 任务目标

（1）掌握定时/计数器编程控制方法；
（2）掌握定时/计数器的查询方式编程要点；
（3）掌握定时/计数器的中断方式编程要点。

2. 任务要求

通过 P1.x 口控制外接的 LED 发光二极管亮 1 s、灭 1 s，循环不止。

3. 相关知识

实现 1 s 的时间定时可以采用以前介绍的调用延时子程序的方法，但是延时子程序定时的准确性不高，当要求精确定时时，需要采用定时/计数器。

1）16 位加法计数器

定时/计数器的核心是 16 位加法计数器，单片机有两个定时/计数器 T0 和 T1，它们的计数值分别装在特殊功能寄存器 TH1、TL1 及 TH0、TL0 里。TH0、TL0 是定时/计数器 T0 加法计数器的高 8 位和低 8 位，TH1、TL1 是定时/计数器 T1 加法计数器的高 8 位和低 8 位。

做计数器使用时，加法计数器对芯片引脚 T0（P3.4）或 T1（P3.5）上的输入脉冲计数。每输入一个脉冲，加法计数器中的值增加 1。加法计数溢出时可向 CPU 发出中断请求信号。

做定时器使用时，加法计数器对内部机器周期脉冲 T 计数。由于机器周期是定值，所以对 T 的计数就是定时，如 T=1 μs，计数值 100，相当于定时 100 μs。

加法计数器的初值可以由程序设定，设置的初值不同，计数值或定时时间就不同。

2）定时/计数器方式控制寄存器 TMOD

定时/计数器 T0、T1 各有 4 种工作方式，可通过指令对 TMOD 进行设置来选择。TMOD 的低 4 位用于定时/计数器 0，高 4 位用于定时/计数器 1。其位定义见表 4-1-1。

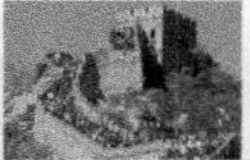

表4-1-1　TMOD各位定义表

TMON（89H）	D7	D6	D5	D4	D3	D2	D1	D0
	GATE	C/T	M1	M0	GATE	C/T	M1	M0

小贴士　TMOD不能位寻址，复位时TMOD=0。

其各位功能如下。

（1）D7位（GATE）——T1的门控位。

当GATE=0时，只要控制位TR1置1，就可启动定时/计数器T1的工作；

当GATE=1时，除了需要控制位TR1置1外，还要使INT1引脚为高电平，这样才能启动定时/计数器T1的工作。

（2）D6位（C/T）——T1的功能选择位。

当C/T=0时，T1为定时器方式；

当C/T=1时，T1为计数器方式。

（3）D5、D4位（M1、M0）——T1的工作方式选择位。

由这2位的4种组合定义的T1的工作方式见表4-1-2。

表4-1-2　T1工作方式选择表

M1	M0	工作方式	功能描述
0	0	方式0	13位计数器
0	1	方式1	16位计数器
1	0	方式2	自动再装入8位计数器
1	1		T1停止计数

（4）D3位（GATE）——T0的门控位。

当GATE=0时，只要控制位TR0置1，就可启动定时/计数器T0的工作；

当GATE=1时，除了需要控制位TR0置1外，还要使INT0引脚为高电平，这样才能启动定时/计数器T0的工作。

（5）D2位（C/T）——T0的功能选择位。

当C/T=0时，T0为定时器方式；

当C/T=1时，T0为计数器方式。

（6）D1、D0位（M1、M0）——T0的工作方式选择位。

由这2位的4种组合定义的T0的工作方式见表4-1-3。

表4-1-3　T0工作方式选择表

M1	M0	工作方式	功能描述
0	0	方式0	13位计数器
0	1	方式1	16位计数器
1	0	方式2	自动重装初值8位计数器
1	1	方式3	T0分成2个8位计数器

3）定时/计数器控制寄存器TCON

TCON 的作用是控制定时/计数器的启动与停止，标志定时/计数器的计满溢出和中断情况。TCON 的结构见表 4-1-4。

表 4-1-4 TCON 的结构表

TCON（88H）	TCON.7	TCON.6	TCON.5	TCON.4	TCON.3	TCON.2	TCON.1	TCON.0
	TF1	TR1	TF0	TR0	IE1	IT1	IE0	IT0
位地址	8FH	8EH	8DH	8CH	8BH	8AH	89H	88H

小贴士 控制寄存器TCON可以位寻址，复位时TCON =0。

其各位功能如下。

（1）TCON.7 位（TF1）——定时/计数器 T1 的溢出标志位。

当定时/计数器 T1 计满溢出时，由硬件使 TF1 置 1，并且向 CPU 发出中断请求，进入中断服务子程序后，由硬件自动清 0。若程序中未允许中断响应（查询方式），则由指令清 0。

（2）TCON.6 位（TR1）——定时/计数器 T1 运行控制位。

当 TR1=1 时，启动定时/计数器 T1 工作，当 GATE=1 时，除了需要控制位 TR1 置 1 外，还要使 INT1 引脚为高电平，这样才能启动定时/计数器 T1 的工作；

当 TR1=0 时，关闭定时/计数器 T1。

（3）TCON.5 位（TF0）——定时/计数器 T0 的溢出标志位。

功能及操作情况同 TF1。

（4）TCON.4 位（TR0）——定时/计数器 T0 运行控制位。

功能及操作情况同 TR1。

（5）TCON.3 位（IE1）——外部中断 1（INT1）的请求标志位。

当 IE1=1 时，外部中断 1 向 CPU 发出中断请求。

（6）TCON.2 位（IT1）——外部中断 1（INT1）触发方式选择位。

当 IT1=1 时，选择下降沿作为中断请求信号；

当 IT1=0 时，选择低电平作为中断请求信号。

（7）TCON.1 位（IE0）——外部中断 0（INT0）的请求标志位。

当 IE0=0 时，外部中断 0 向 CPU 发出中断请求。

（8）TCON.0 位（IT0）——外部中断 0（INT0）触发方式选择位。

当 IT0=1 时，选择下降沿作为中断请求信号；

当 IT0=0 时，选择低电平作为中断请求信号。

为了说明方式字的应用，举例如下：

设定时/计数器 T0 为定时工作方式，要求软件启动按照方式 1 工作；定时/计数器 T1 为计数方式，要求软件启动按照方式 0 工作。根据 TMOD 寄存器各位的作用，可知命令字如表 4-1-5 所示。

表 4-1-5　TMOD 寄存器各位命令字

TMOD（89H）	GATE	C/T	M1	M0	GATE	C/T	M1	M0
	0	1	0	0	0	0	0	1

由于 TMOD 不能位寻址，因此 C 语言的指令格式为“TMOD=0x41;”。

对于 TCON，由于 TCON 可以位寻址，因此如果只清溢出或启动定时器工作可以利用位操作指令。例如，执行以下指令，都可以清定时/计数器 T0 的溢出：

```
TF0=0;                    //方式一
TCON^5=0;                 //方式二
```

同样，执行以下指令，可以启动定时/计数器 T1 的计数：

```
TR1=1;                    //方式一
TCON^6=1;                 //方式二
```

4）定时/计数器方式 0（M1M0=00）

在方式 0 工作条件下，T0/T1 是 13 位计数器，如图 4-1-1 所示。计数器由 TH0（或 TH1）的全部 8 位和 TL0（或 TL1）的低 5 位构成，TL0（或 TL1）的高 3 位没有使用。可用程序将 0～8 191（2^{13}-1）中的某一数送入 TH0（或 TH1）、TL0（或 TL1）作为初值。TH0（或 TH1）、TL0（或 TL1）从初值开始加法计数，直至溢出。所以，初值不同，定时时间或计数值不同。

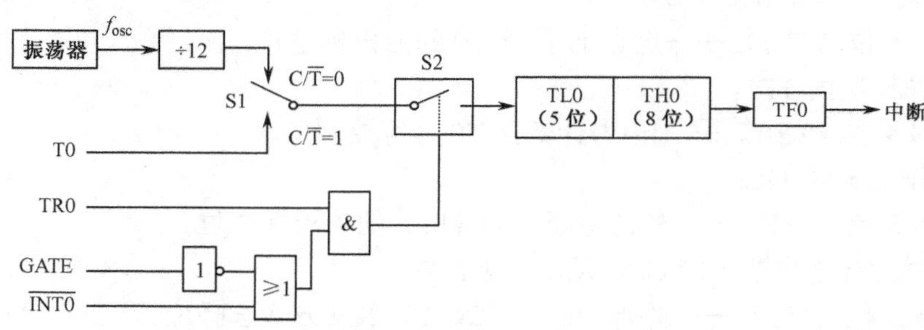

图 4-1-1　定时/计数器 T0/T1 方式 0 结构图

注意　计数器溢出后，必须用指令重新对 TH0（或 TH1）、TL0（或 TL1）设置初值，否则下一次 TH0（或 TH1）、TL0（或 TL1）将从 0 开始计数。

如果 C/T=1，则图 4-1-1 中的开关 S1 自动接在下面，定时/计数器工作在计数状态，加法计数器对 T0（或 T1）引脚上的外部脉冲计数。计数值由下式确定：

$$N=8\,192-x$$

式中，N 为计数值；x 是 TH0（或 TH1）、TL0（或 TL1）的初值。当 x=8 191 时，N 为最小计数值 1；当 x=0 时，N 为最大计数值 8 192，即计数范围为 1～8 192。

注意　由于识别一个高电平到低电平的跳变需两个机器周期，所以对外部计数脉冲的频率应小于 $f_{osc}/24$，且高电平与低电平的延续时间均不得小于 1 个机器周期。

不管是哪种工作方式，当 TLx 的低 5 位溢出时，都会向 THx 进位，而全部 13 位计数器溢出时，则会向计数器溢出标志位 TFx 进位。

小贴士　采用方式 0 时，计算和装入计数器初值比较麻烦，而且容易出错，因此一般情况下尽量避免采用此工作方式。

5）定时/计数器方式 1（M1M0=01）

当 M1M0=01 时，定时/计数器设定为方式 1，构成 16 位计数器。此时 THx、TLx 都是 8 位加法计数器。其他与工作方式 0 相同。

采用方式 1 时，计数器的计数值由下式确定：

$$N=2^{16}-x=65\,536-x$$

计数范围为 1～65 536。

在定时/计数器的使用过程中，有一个概念非常重要，就是定时器的定时时间。所谓定时时间是指定时/计数器从开始工作到计满溢出所花的时间。它由下式确定：

$$t=N\times T=(65\,536-x)\times T$$

式中，T 为机器周期；x 为计数初值。

这个式子非常重要，是人们使用定时/计数器的出发点。当单片机晶振确定后，机器周期 T 就确定了，这时的定时时间只由计数初值 x 决定。在定时/计数器开始工作之前向 TH1、TL1（当然也可以是 TH0 和 TL0）装入不同的初值，就会得到不同的定时时间。

4. 任务分析

1）硬件电路

根据任务要求，设计电路如图 4-1-2 所示。只需要轮流把 P1.x 置 1 和清 0，就能使外接的 LED 亮和灭，完成任务的关键是交替时间保证为 1 s。

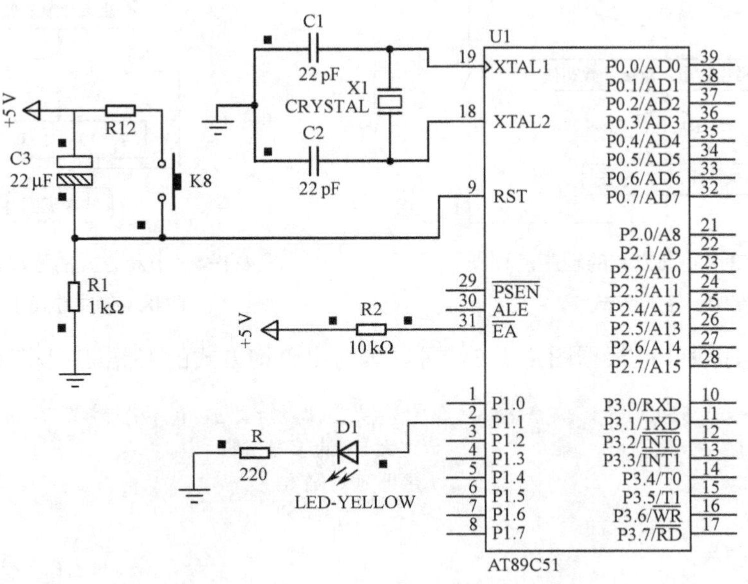

图 4-1-2　控制 LED 发光二极管隔 1 s 闪烁电路图

2）软件分析

下面以 f_{osc}=6 MHz、机器周期 T=2 μs、T0、定时方式 1 为例进行分析。

（1）计算计数器初值：当 T=2 μs，采用定时方式 1 时，定时的范围是 1～65 536T（131 072 μs）。显然，计数溢出一次的最大定时时间小于 1 s，因此需要计数溢出多次才能得到 1 s 的定时时间。

为方便计算计数器初值，可以设定溢出一次的定时时间为 100 000 μs（即 t=0.1 s），连续溢出 10 次，总的定时时间就是 1 s。此时的计数器初值由下式确定：

$$2^{16}-x = t/T$$

得

$$x=2^{16}-t/T=65\,536-100\,000/2=15\,536=\text{3CB0H}$$

（2）定时器初始化：初始化涉及以下两个方面，一是设置 TMOD，本例中 TMOD=00000001B=01H=0x01；二是装入计数初值，本例中 TH0=3CH=0x3C，TL0=B0H=0xB0。

（3）编写程序流程图：根据以上分析可以编写出查询方式的程序流程图如图 4-1-3 所示，中断方式的程序流程图如图 4-1-4 所示。

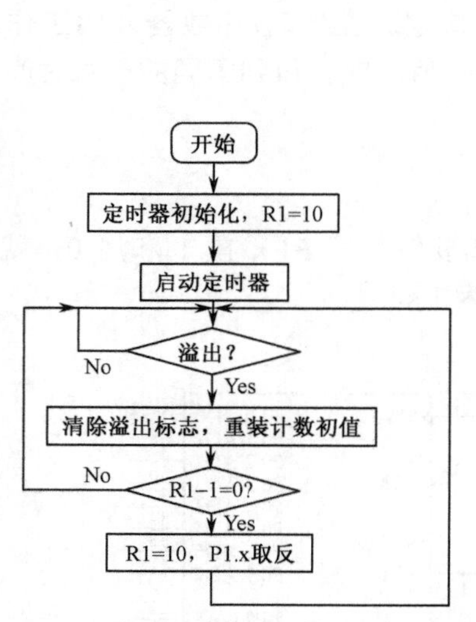

图 4-1-3　查询方式的程序流程图（T0、定时方式 1）

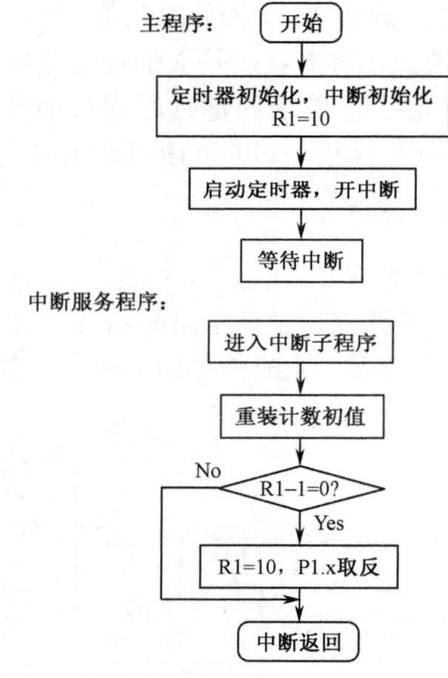

图 4-1-4　中断方式的程序流程图（T0、定时方式 1）

（4）完整程序设计：根据图 4-1-3，可以编写出查询方式的 C 语言程序如下。

```
#include <reg51.h>                    //包含头文件，定义 51 单片机专用寄存器
sbit P1_1 = P1^1;                     //定义 P1 的 1 号引脚
void delay_1s();                      //声明延迟函数

void main()
{
```

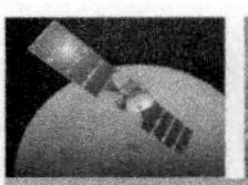

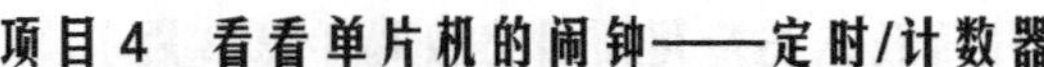


```
        while(1)
        {
            P1_1=0;                 //LED 熄灭
            delay_1s();             //延迟 1s
            P1_1=1;                 //LED 点亮
            delay_1s();             //延迟 1s
        }
}

void    delay_1s()                  //定义延迟函数，函数功能：延迟 1s
{
        unsigned int R1;
        for(R1=10;R1>0;R1--)
        {
            TMOD=0x01;              //设置 T0 为工作方式 1
            TH0=0x3C;               //设置 T0 的初值高 8 位
            TL0=0xB0;               //设置 T0 的初值低 8 位
            TR0=1;                  //启动定时器 T0
            while(!TF0);            //等待中断标志溢出
            TF0=0;                  //清溢出标志
        }
}
```

根据图 4-1-4，可以编写出中断方式的 C 语言程序如下。

```
#include <reg51.h>                  //包含头文件，定义 51 单片机专用寄存器

sbit P1_1 = P1^1;                   //定义 P1 的 1 号引脚
sbit TCON_4=TCON^4;                 //定义 TCON 的第 4 位，即 TR0
sbit TCON_5=TCON^5;                 //定义 TCON 的第 5 位，即 TF0

unsigned int R1;                    //定义全局变量 R1

void main()
{
        P1_1=0;
        R1=10;
        TMOD=0x01;                  //设置 T0 为工作方式 1
        TH0=0x3C;                   //设置 T0 的初值高 8 位
        TL0=0xB0;                   //设置 T0 的初值低 8 位
        EA=1;                       //总中断开关打开
        ET0=1;                      //定时器 T0 的中断开关打开
        TR0=1;                      //启动定时器 T0
        while(1);
}

void    ISR_Timer0() interrupt 1    //中断服务程序：中断 1
```

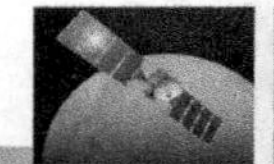

```
    {
            R1--;
            if(R1==0)
            {
                P1_1=!P1_1;          //点亮或熄灭 LED
                R1=10;               //恢复 R1 的初值 10
            }
            TH0=0x3C;                //设置定时器 T0 的初值
            TL0=0xB0;
            TR0=1;                   //启动定时器 T0
    }
```

5. 任务实施

（1）在 Proteus 软件中按图 4-1-2 搭接好电路，元件清单如表 4-1-6 所示。

（2）在 Keil 软件中编辑程序，进行编译，得到 HEX 格式文件。

（3）将所得的 HEX 格式文件在 Proteus 中加载到单片机芯片中。

（4）在 Proteus 中仿真，观察仿真结果。

（5）Proteus 中的结果正常后，用实际硬件搭接并调试电路，通过编程器将 HEX 格式文件下载到 AT89C51 中，通电验证实验结果。

表 4-1-6　元件清单

元 件 名 称	型　　号	数　　量	Proteus 中的名称
单片机芯片	AT89C51	1 片	AT89C51
晶振	6 MHz	1 个	CRYSTAL
电容	22 pF	2 个	CAP
电容	22 μF	1 个	CAP-ELEC
按钮		1 个	BUTTON
LED 发光二极管		1 个	LED-RED
电阻	阻值见电路	若干	RES

任务 4-2　BCD 码显示 60 s 计数器

知识分布网络

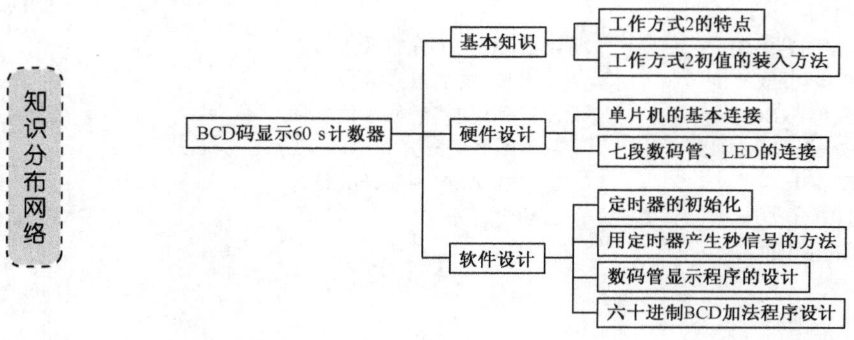

1. 任务目标

（1）理解方式 2 初值自动重装对准确定时的影响；
（2）掌握多次定时计数溢出的编程要点；
（3）掌握 BCD 加法计数器编程要点；
（4）掌握 BCD 码送显程序设计。

2. 任务要求

用定时器 T0 方式 2 产生标准秒信号，并实现“00, 01,…, 59,00,…”计数，将计数结果通过 P1 口、P2 口外接的 BCD 数码管显示。

3. 相关知识

定时/计数器方式 2：M1M0=10 时，定时/计数器 T0（或 T1）设置为能自动重装计数器初值的 8 位计数器，结构如图 4-2-1 所示。此时，TL0（或 TL1）参与计数，TH0（或 TH1）装计数初值。当 TL0（或 TL1）计满溢出时，硬件自动把 TH0（或 TH1）的值装入 TL0（或 TL1）作为下一次计数的初值，不需要用指令重新装入计数初值。

方式 2 与方式 1、方式 0 在使用和结构上有较大区别。方式 0 与方式 1 若用于循环重复定时/计数（如产生连续脉冲信号），则每次计满溢出后，计数器为 0，第二次计数时必须通过指令重新装入计数初值。这样，不仅在编程时麻烦，而且重新装入计数初值的指令在执行时所花费的若干机器周期也会影响定时时间的精度。方式 2 具有自动恢复计数初值的功能，避免了上述缺陷，非常适合作为较精确的定时脉冲信号发生器。

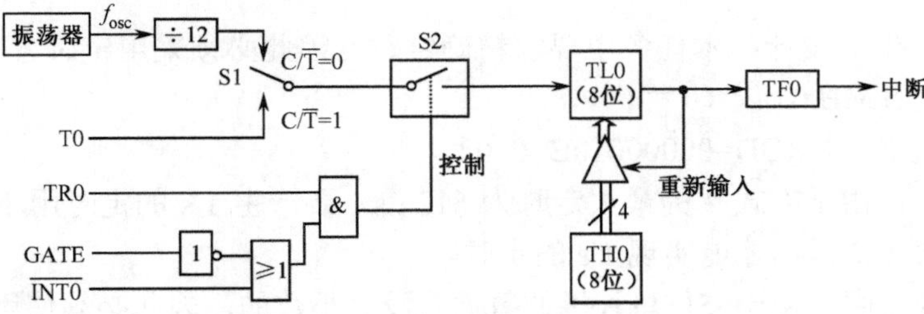

图 4-2-1 定时/计数器 T0/T1 方式 2 结构图

采用方式 2 时，计数器的计数值由下式确定：

$$N=256-x$$

计数范围为 1～256。定时器的定时值由下式确定：

$$t=N\times T=(256-x)\times T$$

式中，T 为机器周期；x 为计数初值。

如果晶体振荡器频率 f_{osc}=12 MHz，则 T=1 μs，定时范围为 1～256 μs；若晶体振荡器频率 f_{osc}=6 MHz，则 T=2 μs，定时范围为 1～512 μs。

4. 任务分析

1）硬件电路

硬件电路图如图 4-2-2 所示。图中与 P3.0 连接的发光二极管用于模拟秒闪信号，与 P2 口连接的 BCD 数码管显示个位，与 P1 口连接的 BCD 数码管显示十位，BCD 数码管为共

阴极。

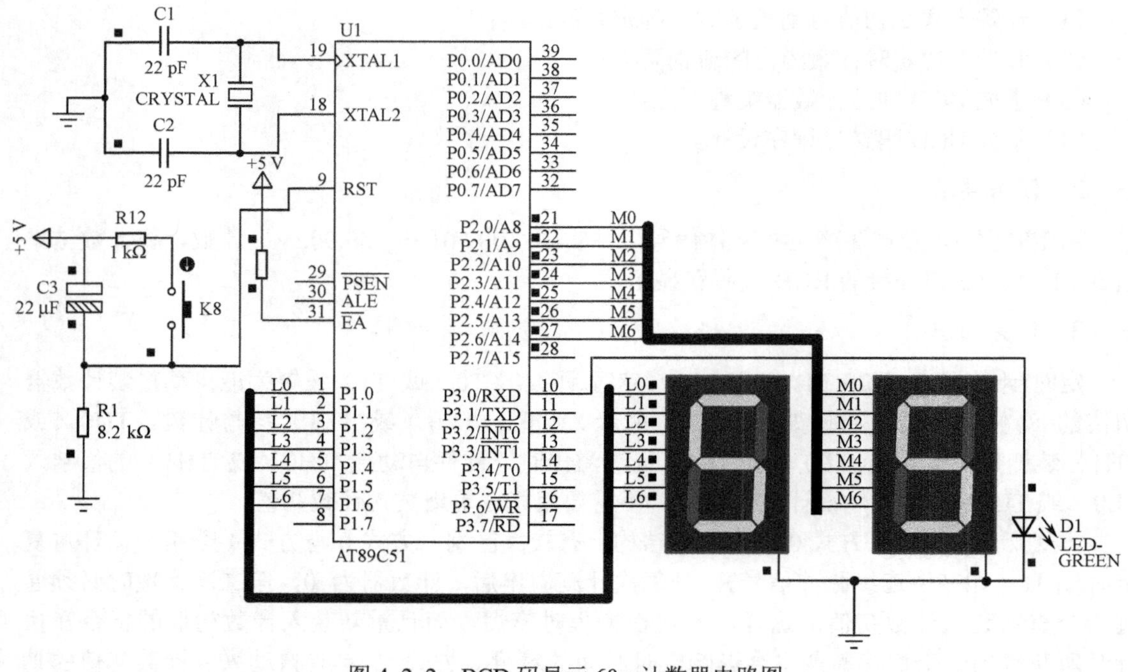

图 4-2-2　BCD 码显示 60 s 计数器电路图

2）程序设计

（1）秒信号发生器设计：本任务中要求精确定时，因此必须采用定时方式 2 实现。假设系统振荡频率为 6 MHz，以 T0 为例。

首先设置方式字：TMOD=00000010B=0x02。

计算计数初值：由于方式 2 的最大定时为 512 μs，要产生 1 s 的定时用 1 次溢出肯定是不够的，因此需要多次溢出才能实现 1 s 的定时。

采用多少次溢出呢？由于 51 单片机的数据是没有小数的，因此必须使用整数来表示计数次数和溢出次数。若 N 代表溢出次数，x 代表计数初值，T 代表系统的机器周期，则有以下等式：

$$(256-x)\times T\times N=t$$

式中，T=2 μs，t=1 s。

取 x=6，则 N=2 000，溢出次数 2 000 超过了 255，因此要用至少两个计数器作为溢出次数计数器，即

$$N=n_1\times n_2$$

式中，n_1 和 n_2 必须为小于 255 的整数，可以取：

$$n_1=50，n_2=40$$

$$n_1=100，n_2=20$$

$$n_1=200，n_2=10$$

$$n_1=250，n_2=8$$

由于任务中要求有一个秒闪信号，因此采用 3 个计数器作为溢出次数计数器，即

$$N=n_1 \times n_2 \times n_3=2 \times 20 \times 50$$

根据以上分析可以得到查询方式下 1 s 信号发生器的程序流程图，如图 4-2-3 所示。

（2）六十进制 BCD 码加法计数器设计：任务中要求使用 BCD 码加法，因此虽然是加 1，但是绝对不能简单地一直加 1，必须在个位（低 4 位）判断满 10 再加 6，才能完成 BCD 码的进位。当加到 60 时必须清 0，读者可以想一想，为什么不在计数器加到 59 的时候清 0？

编写如下的六十进制 BCD 码加法计数器程序流程图，如图 4-2-4 所示。

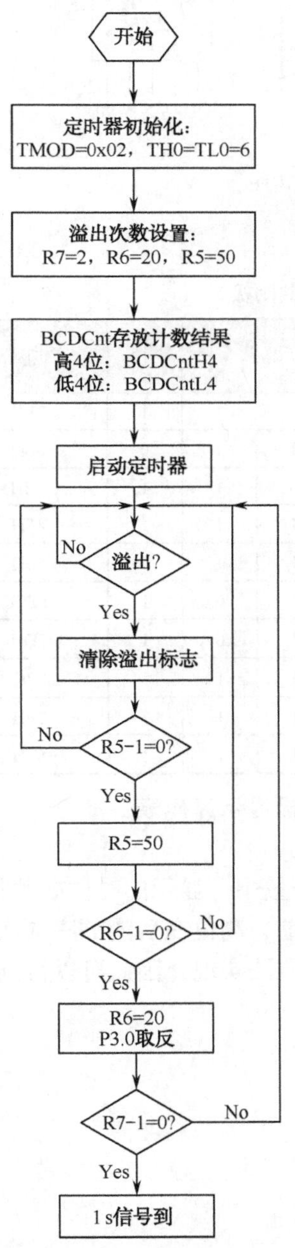

图 4-2-3　秒信号发生器程序流程图（查询方式）

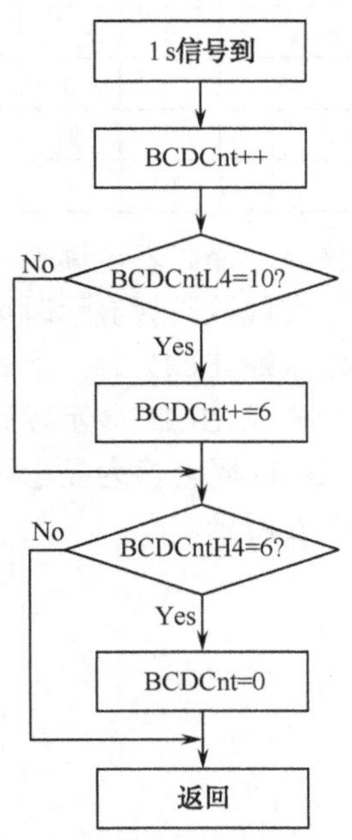

图 4-2-4　六十进制计数器流程图

（3）BCD 码计数结果送显。

数码管显示译码：数码管有共阴极与共阳极之分，如图 4-2-5 所示。

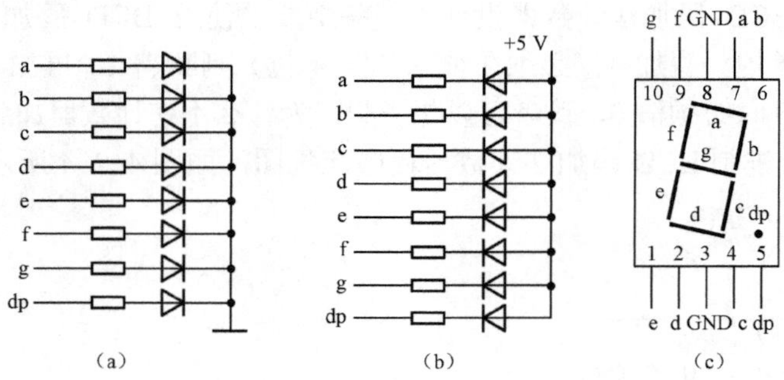

图 4-2-5　数码管引脚与结构图

BCD 显示译码表（共阴极）如表 4-2-1 所示。

表 4-2-1　BCD 显示译码表（共阴极）

显示字形	D7 h	D6 g	D5 f	D4 e	D3 d	D2 c	D1 b	D0 a	字形码
0	0	0	1	1	1	1	1	1	3FH
1	0	0	0	0	0	1	1	0	06H
2	0	1	0	1	1	0	1	1	5BH
3	0	1	0	0	1	1	1	1	4FH
4	0	1	1	0	1	1	1	0	66H
5	0	1	1	0	1	1	0	1	6DH
6	0	1	1	1	1	1	0	1	7DH
7	0	0	0	0	0	1	1	1	07H
8	0	1	1	1	1	1	1	1	7FH
9	0	1	1	0	1	1	1	1	6FH

根据共阴极显示译码表，读者可以试着推导出共阳极显示译码表。

在编写指令实现数码管显示时可以采用查表的方法。

计数结果以压缩 BCD 码的形式存放在 BCDCnt 变量中，显示的时候必须将压缩 BCD 码拆开，并且转换成 BCD 显示段码，才能按照低位在前、高位在后的顺序依次通过 P2 口和 P1 口送显。BCD 码转换为显示段码可以采用查表的方法实现，因此可以得到显示程序流程图，如图 4-2-6 所示。

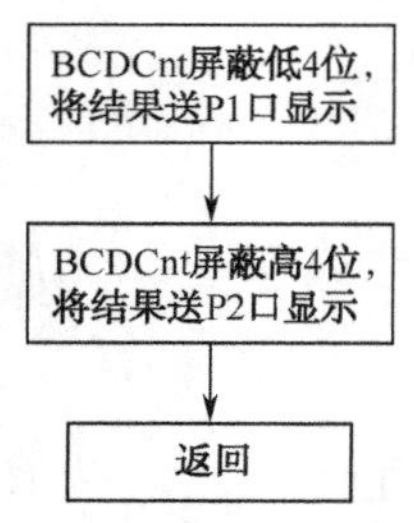

图 4-2-6　显示程序流程图

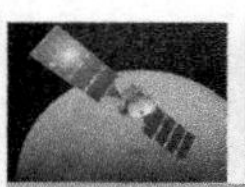

（4）完整的程序设计：根据上述的流程图，可以编写出查询方式的完整程序如下。

```
#include <reg51.h>                            //包含头文件，定义 51 单片机专用寄存器

unsigned char Seg7_CA_Num[10]={0x3f,0x06,0x5b,0x4f,0x66,0x6d,0x7d,0x07,0x7f,0x6f};
                                              //共阴极数码管显示字 0～9
sbit P3_0=P3^0;                               //定义 P3.0 脚

void delay_1s();                              //声明延迟函数
unsigned char Get_Low4(unsigned char i);      //声明函数：取低 4 位
unsigned char Get_High4(unsigned char i);     //声明函数：取高 4 位

void main()
{
    unsigned char BCDCnt,BCDCntL4,BCDCntH4;
                                   //定义 BDC 码计数变量，以及其高 4 位、低 4 位变量
    P1=Seg7_CA_Num[0];                        //数码管初始显示为 0
    P2=Seg7_CA_Num[0];                        //数码管初始显示为 0
    P3_0=0;

    while(1)
    {
        delay_1s();                           //延迟 1s
        BCDCnt++;                             //计数器+1
        BCDCntL4=Get_Low4(BCDCnt);            //取计数器低 4 位
        if(BCDCntL4>=10)
        {
            BCDCnt=BCDCnt+6;                  //逢 10 进 1
            BCDCntH4=Get_High4(BCDCnt);       //取计数器高 4 位
            BCDCntL4=Get_Low4(BCDCnt);
            if(BCDCntH4>=6)                   //计数到 60 清 0
            {
                BCDCnt=0;                     //清 0
                BCDCntH4=Get_High4(BCDCnt);
                BCDCntL4=Get_Low4(BCDCnt);
            }
        }
        P1=Seg7_CA_Num[BCDCntH4];             //数码管显示十位
        P2=Seg7_CA_Num[BCDCntL4];             //数码管显示个位
    }
}

void    delay_1s()                            //定义延迟函数，函数功能：延迟 1 s
{
    unsigned char R5,R6,R7;

        for(R7=2;R7>0;R7--)
```

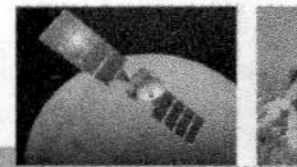
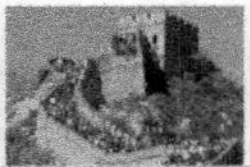

```
    {
        for(R6=20;R6>0;R6--)
        {
            for(R5=50;R5>0;R5--)
            {
                TMOD=0x02;                    //设定定时器T0工作方式
                TH0=0x06;                     //设置定时器T0的初值，计数次数=256-6=250
                TL0=0x06;
                TR0=1;                        //启动定时器T0
                while(!TF0);                  //等待中断标志溢出
                TF0=0;                        //清溢出标志
            }
        }
        P3_0=!P3_0;                           //LED闪烁
    }
}

unsigned char Get_High4(unsigned char i)      //函数功能：取高4位
{
    unsigned char j;
    j=i>>4;
    return j;
}

unsigned char Get_Low4(unsigned char i)       //函数功能：取低4位
{
    unsigned char j;
    j=i&0x0F;
    return j;
}
```

中断方式的程序设计留给大家课后完成。

5. 任务实施

（1）在 Proteus 软件中按图 4-2-2 搭接好电路，元件清单如表 4-2-2 所示。

表 4-2-2 元件清单

元件名称	型 号	数 量	Proteus 中的名称
单片机芯片	AT89C51	1片	AT89C51
晶振	6 MHz	1个	CRYSTAL
电容	22 pF	2个	CAP
电解电容	22 μF	1个	CAP-ELEC
按钮		1个	BUTTON
LED发光二极管	颜色自选	1个	LED-RED
七段数码管	共阴极	2个	7SEG-COM-CAT-BLUE
电阻	阻值见电路	若干	RES

（2）在 Keil 软件中编辑程序，进行编译，得到 HEX 格式文件。

（3）将所得的 HEX 格式文件在 Proteus 中加载到单片机芯片中。

（4）运行仿真，观察仿真结果。

（5）Proteus 中的结果正常后，用实际硬件搭接并调试电路，通过编程器将 HEX 格式文件下载到 AT89C51 中，通电验证实验结果。

任务 4-3 外部脉冲计数

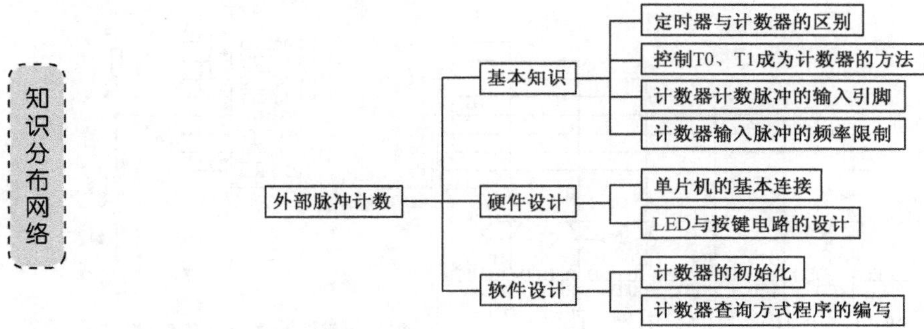

1. 任务目标

（1）掌握定时/计数器对外加计数脉冲计数的硬件设计方法；

（2）掌握定时/计数器计数状态的指令设计方法；

（3）掌握流水灯闪烁程序设计方法。

2. 任务要求

编写程序，实现按键闭合 4 次，与 P1 口连接的 LED 发光二极管闪烁 10 次。

3. 相关知识

当 C/T=0 时，定时/计数器工作在定时方式。此时，定时/计数器的计数脉冲来自于系统振荡频率的 12 分频。因此，只要系统的振荡频率确定，定时/计数器的计数脉冲频率也就确定了，计数一次的时间也就保持不变，这正是定时的由来。

实际上，定时/计数器的计数脉冲可以来自于系统的外部，此时由于计数脉冲是不确定的，因此把这种工作方式称为计数工作方式。

将 TMOD 寄存器的 C/T 位设置为 1，定时/计数器即工作在计数工作方式。此时，T0 通过引脚 P3.4 对外部信号计数，T1 通过引脚 P3.5 对外部信号计数，外部脉冲的下降沿将触发计数。值得注意的是，由于检测到一个由 1 到 0 的跳变需要 2 个机器周期，因此外部信号的最高计数频率为系统振荡频率的 1/24。例如，如果系统采用 6 MHz 的振荡频率，则最高的外部计数频率为 0.25 MHz。

4. 任务分析

1）硬件电路

硬件电路如图 4-3-1 所示。

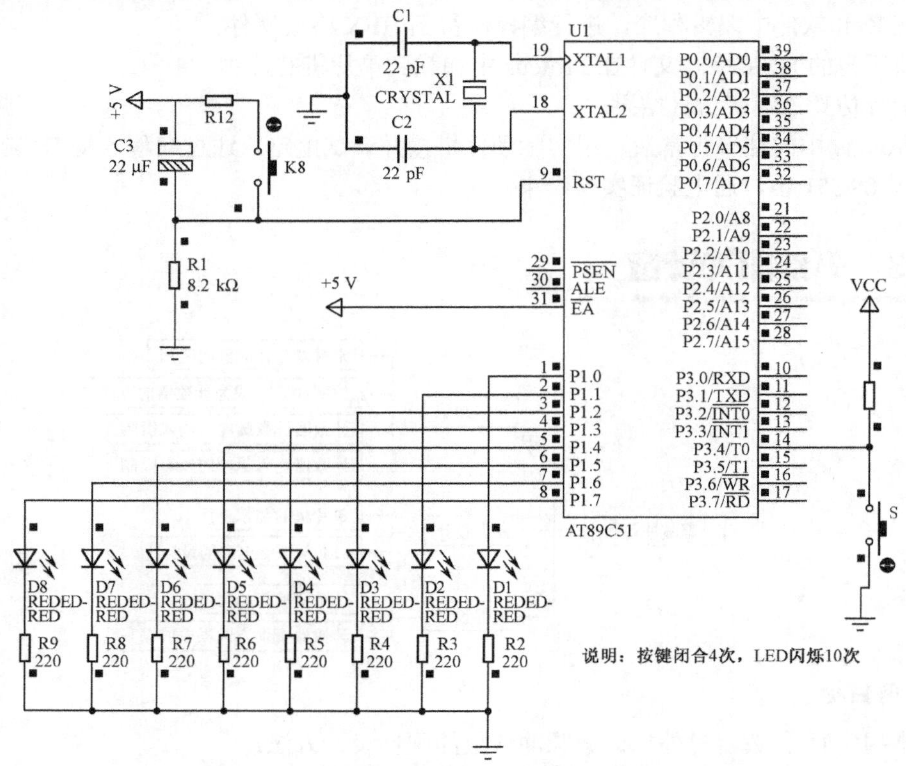

图 4-3-1　外部脉冲计数硬件电路图

2）程序流程图设计

根据硬件电路，采用 T0 计数方式，按键闭合 4 次将会有 4 个下降沿输入系统中，计数 4 次溢出后将 P1 口所接 LED 闪烁 10 次即可完成任务。

定时/计数器初始化：

采用 T0 方式 2 计数，TMOD=00000110B=0x06；

计数次数为 4，计数初值 x=256−4=252=0xFC。

根据分析，可以得到以下查询方式程序流程图，如图 4-3-2 所示。

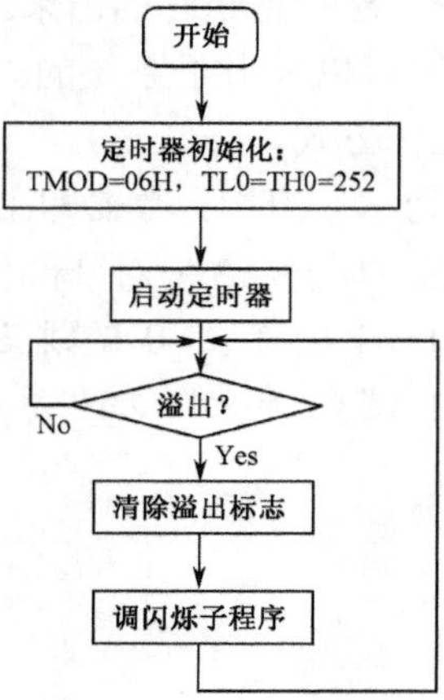

图 4-3-2　外部脉冲计数查询方式程序流程图

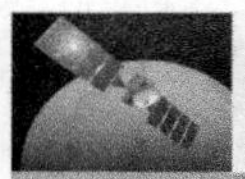

3）程序设计

根据上述流程图可以得到如下程序：

```
#include <reg51.h>                  //包含头文件，定义 51 单片机专用寄存器

void LED_Light(void);               //声明 LED 闪烁函数
void delay_1s(void);                //声明延迟函数

void main()
{
        P1=0;
        TMOD=0x06;                  //设定定时器 T0 工作方式
        TH0=0xFC;                   //设置定时器 T0 的初值
        TL0=0xFC;
        TR0=1;                      //启动定时器 T0
        while(!TF0);                //等待中断标志溢出
        TF0=0;                      //清溢出标志
        LED_Light();                //LED 灯闪烁 10 次

}

void LED_Light(void)
{
    unsigned char x=10;
    while(x--)                      //闪烁 10 次
    {
        P1=0xFF;                    //点亮
        delay_1s();
        P1=0;                       //熄灭
        delay_1s();
    }
}

void   delay_1s(void)               //定义延迟函数，函数功能：延迟 1s
{
        unsigned int R1;
        for(R1=10;R1>0;R1--)
        {
                TMOD=0x01;          //设定定时器 T0 工作方式
                TH0=0x3C;           //设置定时器 T0 的初值
                TL0=0xB0;
                TR0=1;              //启动定时器 T0
                while(!TF0);        //等待中断标志溢出
                TF0=0;              //清溢出标志
        }
}
```

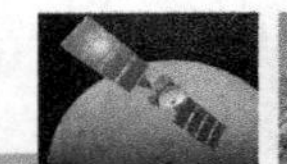

中断方式的程序设计留给大家课后完成。

5. 任务实施

（1）在 Proteus 软件中按图 4-3-1 搭接好电路，元件清单如表 4-3-1 所示。

（2）在 Keil 软件中编辑程序，进行编译，得到 HEX 格式文件。

（3）将所得的 HEX 格式文件在 Proteus 中加载到单片机芯片中。

（4）运行仿真，观察仿真结果。

（5）Proteus 中的结果正常后，用实际硬件搭接并调试电路，通过编程器将 HEX 格式文件下载到 AT89C51 中，通电验证实验结果。

表 4-3-1　元件清单

元 件 名 称	型　号	数　量	Proteus 中的名称
单片机芯片	AT89C51	1 片	AT89C51
晶振	6 MHz	1 个	CRYSTAL
电容	22 pF	2 个	CAP
电解电容	22 μF	1 个	CAP-ELEC
按钮		2 个	BUTTON
LED 发光二极管		8 个	LED-RED
电阻	阻值见电路	若干	RES

任务 4-4　单音阶发生器

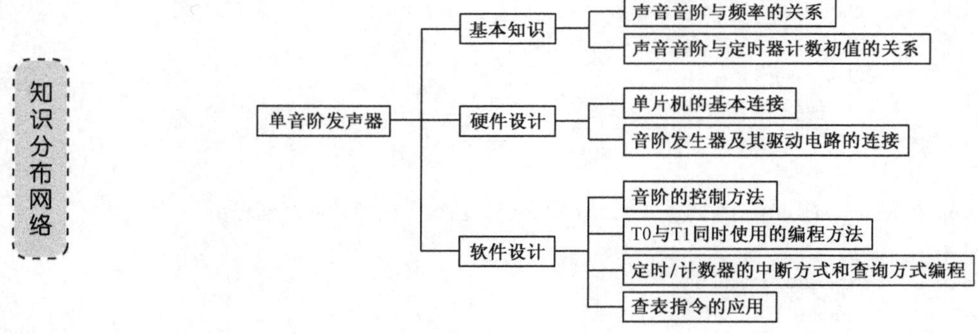

1. 任务目标

（1）掌握单音阶音符的频率与定时器计数初值的对应关系；

（2）理解定时/计数器的广泛应用；

（3）掌握 Proteus 软件仿真音频信号产生方法。

2. 任务要求

应用定时/计数器编程实现扬声器轮流鸣放单音符“1-2-3-4-5-6-7-1-…”，每个音符鸣放 1 s。

3. 相关知识

音阶产生方法：一首音乐是由许多不同的音阶组成的，而每个音阶对应不同的频率，这样就可以利用不同频率的组合构成想要的音乐了。可以利用单片机的定时/计数器 T0 来产生不同的频率，只要把一首音乐的音阶对应频率关系弄清楚即可。现在以单片机 12 MHz 晶振为例，列出高、中、低音符与 16 位定时/计数器的初值关系，如表 4-4-1 所示。

表 4-4-1　12 MHz 晶振音符与 16 位定时/计数器的初值关系表

音　符	频率（Hz）	简谱码（初值）	音　符	频率（Hz）	简谱码（初值）
低 1　DO	262	63 628	# 4 FA#	740	64 860
#1　DO#	277	63 731	中 5　SO	784	64 898
低 2　RE	294	63 835	# 5 SO#	831	64 934
#2 RE#	311	63 928	中 6　LA	880	64 968
低 3　MI	330	64 021	# 6 LA#	932	64 994
低 4　FA	349	64 103	中 7　SI	988	65 030
# 4 FA#	370	64 185	高 1　DO	1 046	65 058
低 5　SO	392	64 260	# 1 DO#	1 109	65 085
# 5 SO#	415	64 331	高 2　RE	1 175	65 110
低 6　LA	440	64 400	# 2 RE#	1 245	65 134
# 6 LA#	466	64 463	高 3　MI	1 318	65 157
低 7　SI	494	64 524	高 4　FA	1 397	65 178
中 1　DO	523	64 580	# 4 FA#	1 480	65 198
# 1 DO#	554	64 633	高 5　SO	1 568	65 217
中 2　RE	587	64 684	# 5 SO#	1 661	65 235
# 2 RE#	622	64 732	高 6　LA	1 760	65 252
中 3　MI	659	64 777	# 6 LA#	1 865	65 268
中 4　FA	698	64 820	高 7　SI	1 967	65 283

4. 任务分析

1）硬件电路

电路如图 4-4-1 所示。

2）程序设计

（1）T0/T1 功能划分：根据任务要求，可以将 T0 设置为定时方式 2，作为秒信号定时器；T1 设置为定时方式 1，作为音阶发生器。因此，TMOD=00010010B=0x12。

（2）计数器初值：T0 作为秒信号定时器，每次溢出的定时时间是恒定的，因此其计数初值不变，系统振荡频率为 12 MHz，设置初值 TH0=TL0=06H，溢出次数 N=20×200，采用中断方式。

T1 作为音符发生器，其计数初值与产生音符有关。根据任务要求，为“中 1-中 2-……-中 7-高 1”共 8 个音符，其对应的计数初值见表 4-4-2。

根据表 4-4-2，可以定义如下音符数组，方便单片机通过查表的方式获得相应的定时/计数器初值，T1 溢出采用查询方式。定义的音符数组如下：

unsigned int Scale[8]={64 580, 64 684, 64 777, 64 820, 64 898, 64 968, 65 030, 65 058};

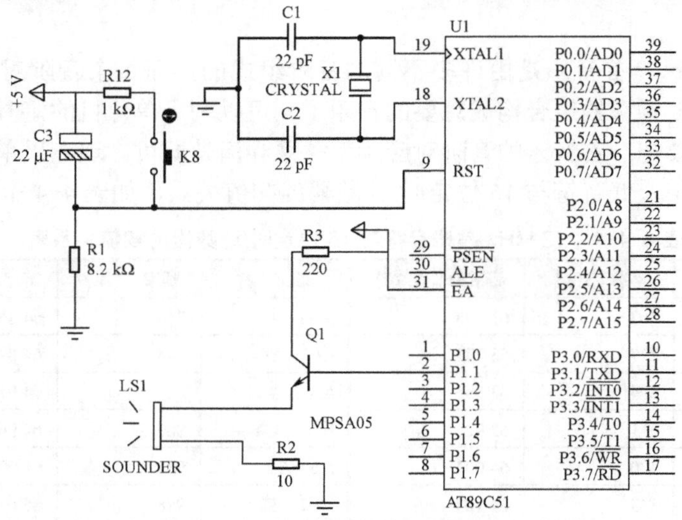

图 4-4-1　单音阶发生器电路图

表 4-4-2　8 个音符对应计数初值表

音　　符	频率（Hz）	简谱码（初值）	音　　符	频率（Hz）	简谱码（初值）
中 1　DO	523	64 580	中 5　SO	784	64 898
中 2　RE	587	64 684	中 6　LA	880	64 968
中 3　MI	659	64 777	中 7　SI	988	65 030
中 4　FA	698	64 820	高 1　DO	1 046	65 058

程序流程图如图 4-4-2 所示。

定时器 T0 中断子程序流程图如图 4-4-3 所示。

调查表子程序流程图如图 4-4-4 所示。

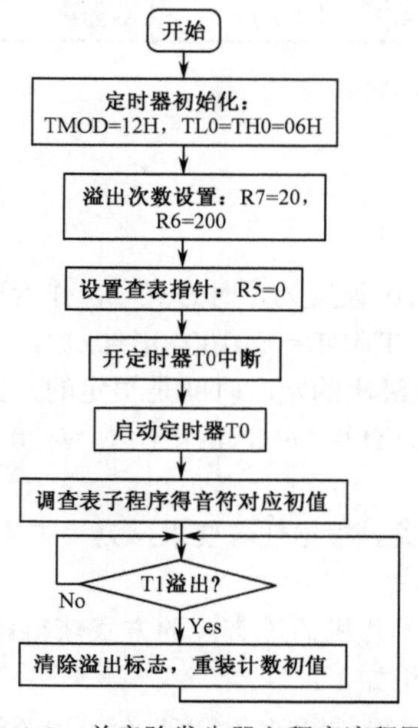

图 4-4-2　单音阶发生器主程序流程图

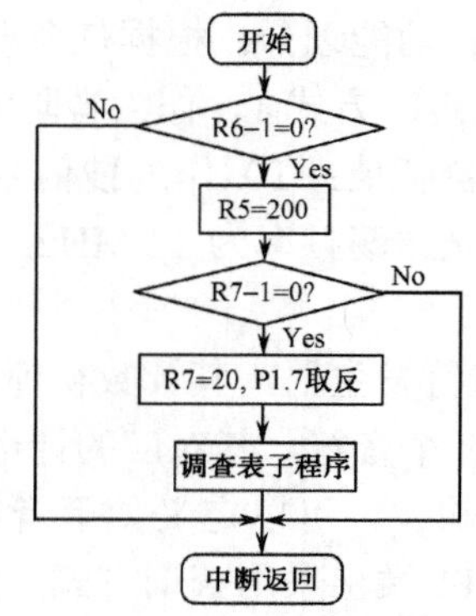

图 4-4-3　单音阶发生器 T0 中断子程序流程图

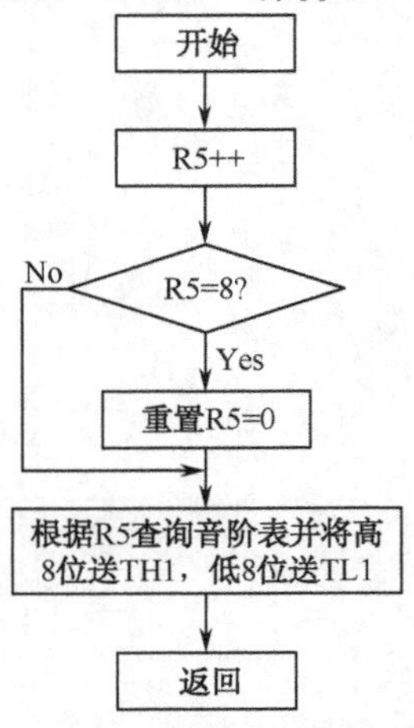

图 4-4-4　单音阶发生器调查表子程序流程图

3）C 语言程序

根据上述程序流程图，编写完整的 C 语言程序如下。

```
#include <reg51.h>                                    //包含头文件，定义 51 单片机专用寄存器

unsigned char R5,R6,R7;                               //定义全局变量 R5：音阶查表变量
sbit P1_1 = P1^1;                                     //定义 P1 的 1 号引脚
unsigned int Scale[8]={64580, 64684, 64777, 64820, 64898, 64968, 65030, 65058};
                                                      //定义音阶表 1～7 和 i

unsigned char Get_High8(unsigned int i);              //声明函数：获取高 8 位
unsigned char Get_Low8(unsigned int i);               //声明函数：获取低 8 位

void main()
{
    P1_1=1;
    R5=0;                                             //使用第 1 个音阶
    R6=200;
    R7=20;
    TMOD=0x12;                                        //设定定时器 T0、T1 工作方式
    TH0=0x06;                                         //设置定时器 T0 的初值
    TL0=0x06;
    TH1=Get_High8(Scale[R5]);                         //设置定时器 T1 的初值：产生音阶
    TL1=Get_Low8(Scale[R5]);
    EA=1;                                             //总中断开关打开
    ET0=1;                                            //定时器 T0 的中断开关打开
    ET1=1;                                            //定时器 T1 的中断开关打开
    TR0=1;                                            //启动定时器 T0
    TR1=1;                                            //启动定时器 T1
    while(1);
}
```

```
void    ISR_Timer0() interrupt 1                    //中断服务程序：中断 1 定时器 T0
{
    R6--;
    if(R6==0)
    {
        R7--;
        R6=200;
        if(R7==0)
        {
            R7=20;
            R5++;                                   //定时 1 s 到，切换到下一个音阶
            if(R5>=8)
            {
                R5=0;
            }
        }
    }
    TR0=1;                                          //启动定时器 T0
}

void    ISR_Timer1() interrupt 3                    //中断服务程序：中断 3  定时器 T1
{

    TH1=Get_High8(Scale[R5]);                       //设置定时器 T1 的初值：产生音阶
    TL1=Get_Low8(Scale[R5]);
    P1_1=!P1_1;
    TR1=1;                                          //启动定时器 T1
}


unsigned char Get_High8(unsigned int i)             //函数：获取高 8 位
{
    unsigned char j;
    j=(unsigned char)((i>>8)&0x00FF);
    return j;
}

unsigned char Get_Low8(unsigned int i)              //函数：获取低 8 位
{
    unsigned char j;
    j=(unsigned char)(i&0x00FF);
    return j;
}
```

5. 任务实施

（1）在 Proteus 软件中按图 4-4-1 搭接好电路，元件清单如表 4-4-3 所示。

（2）在 Keil 软件中编辑程序，进行编译，得到 HEX 格式文件。

（3）将所得的 HEX 格式文件在 Proteus 中加载到单片机芯片中。

（4）运行仿真，聆听仿真结果。

（5）Proteus 中的结果正常后，用实际硬件搭接并调试电路，通过编程器将 HEX 格式文件下载到 AT89C51 中，通电验证实验结果。

表 4-4-3　元件清单

元件名称	型　　号	数　　量	Proteus 中的名称
单片机芯片	AT89C51	1 片	AT89C51
晶振	6 MHz	1 个	CRYSTAL
电容	22 pF	2 个	CAP
电解电容	22 μF	1 个	CAP-ELEC
按钮		1 个	BUTTON
蜂鸣器	微型	1 个	SOUNDER
三极管	NPN 型	1 个	NPN（或 MPSA05）
电阻	阻值见电路	若干	RES

知识梳理与总结

（1）T0 和 T1 既可以做定时器，也可以做计数器，定时器和计数器的区别就是计数脉冲的来源不同。定时器的脉冲来源于单片机内部，周期固定为机器周期；而计数器的脉冲来源于单片机外部从 T0 或 T1 引脚的输入。

（2）4 种工作方式中，常用的是方式 1 和 2，其中方式 1 的计满溢出值为 65 536，方式 2 为 256，但方式 2 具有自动重装初值的功能。

（3）定时/计数器的应用中，TMOD 专用寄存器可以设置工作方式、启动方式，以及是做定时还是计数。

（4）TCON 中的 TR1 和 TR0 可以启动 T0 和 T1。

（5）定时/计数器的定时时间与启动之前装入的初值有直接的关系，可能通过改变初值改变定时时间。

（6）定时器计满溢出后的处理方式有两种：查询方式和中断方式。采用查询方式时，注意对中断标志清 0；采用中断方式时，注意中断入口地址的指令安排及 IE、IP 的设置。

（7）音乐可由不同频率的矩形波得到，不同频率的矩形波信号实际上就是定时时间不一样，而定时时间又与计数初值相关，所以不同的音调，实际上就是通过装入不同的计数初值得到的。

练习题 4

1．试总结定时/计数器在使用中断方式编程时需要对哪些专用寄存器进行设置。

2．方式2与方式1有什么区别？

3．通过定时/计数器在P1.0脚上输出频率为1 kHz的方波信号。

4．控制8个发光二极管的闪烁，要求亮2 s，灭2 s，用T1来定时，采用中断方式编程。

5．试用中断方式完成本章中的任务4-2。

项目 5

有空常联络——串口通信

教学导航

知识目标	1. SBUF 与 SCON 功能； 2. 串口的 4 种工作方式； 3. 波特率设置； 4. 双机及多机串口通信系统接口电路； 5. 双机及多机串口通信程序设计； 6. 地址帧与数据帧的概念； 7. 多机通信原理
能力目标	1. 掌握串口串并转换接口电路及程序设计方法； 2. 根据实际双机通信系统设计波特率； 3. 掌握双机通信系统的接口电路及程序设计； 4. 掌握多机通信系统的接口电路及程序设计； 5. 利用地址帧实现主机的寻址、从机响应地址帧
重点、难点	1. SBUF、SCON 的功能与使用； 2. 波特率的设置； 3. 双机通信与多机通信的接口电路和程序设计
推荐教学方式	在实验室中采用“一体化”教学，注意与前一个项目所讲的中断部分的知识结合起来进行讲解，适当复习项目 4 中 T1 定时/计数器的相关知识
推荐学习方式	本项目的学习难度较大，注意 SCON 专用寄存器功能的掌握和波特率设置的方法，在学习之前应注意温习一下项目 3 的中断和项目 4 中关于 T1 的相关内容

任务 5-1 单片机与 PC 通信

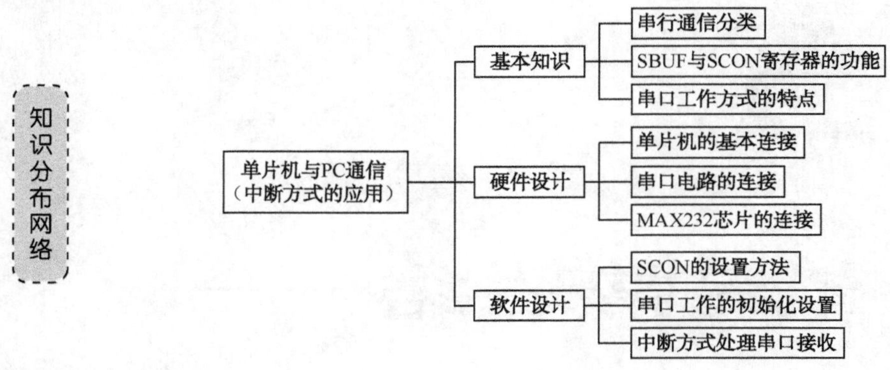

1. 任务目标

（1）完成串口电平转换电路设计；

（2）单片机做字符判断并转换；

（3）完成 PC 输出的字符全改为小写，并发回 PC。

2. 任务要求

单片机设置串口波特率为 9 600 bps，选择模式 1（无附加的奇偶校验位），即 SCON 需要设置的值为 0x80，对应的 T1 设置为模式 2，并且 TH1 的值设置为 0xFD。

3. 相关知识

1）单片机收、发数据

单片机如何收、发数据？MCS-51 单片机内部有一个全双工的串行通信口，即串行接收和发送缓冲器（SBUF），这两个在物理上独立的接收发送器，既可以接收数据也可以发送数据。但接收缓冲器只能读出不能写入，而发送缓冲器则只能写入不能读出，它们的地址为 99H。这个通信口既可以用于网络通信，也可实现串行异步通信，还可以作为同步移位寄存器使用。

（1）数据通信的传输方式：常用于数据通信的传输方式有单工、半双工和全双工方式。

① 单工方式：数据仅按一个固定方向传送。这种传输方式的用途有限，常用于串口的打印数据传输与简单系统间的数据采集。

② 半双工方式：数据可实现双向传送，但不能同时进行，实际的应用采用某种协议实现收、发开关转换。

③ 全双工方式：允许双方同时进行数据双向传送，但一般全双工传输方式的线路和设备较复杂。

（2）串行数据通信两种形式如下。

① 异步通信：在这种通信方式中，接收器和发送器有各自的时钟，它们的工作是非同步的，异步通信用一帧来表示一个字符、一个起始位，紧接着是若干个数据位，如图 5-1-1 所示。

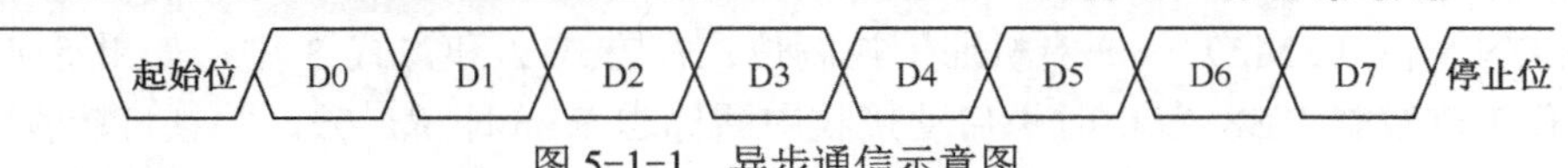

图 5-1-1 异步通信示意图

51 单片机采用异步通信模式。

② 同步通信：同步通信方式中，发送器和接收器由同一个时钟源控制。异步通信时，每传输一帧字符都必须加上起始位和停止位，占用了传输时间，在要求传送数据量较大的场合，速度就慢得多。而同步传输方式去掉了这些起始位和停止位，只在传输数据块时先送出一个同步头（字符）标志。

同步传输方式比异步传输方式速度快，这是它的优势。但同步传输方式也有其缺点，即它必须要用一个时钟来协调收发器的工作，所以它的设备也较复杂。

（3）串行数据通信的传输速率有两个概念，即每秒传送的位数——比特率，以及每秒符号数——波特率。在具有调制解调器的通信中，波特率与调制速率有关。

2）51 单片机的串口结构与工作原理

51 单片机的串口主要由接收与发送缓冲寄存器 SBUF、输入移位寄存器、串口控制寄存器 SCON 及波特率发生器等组成。

（1）缓冲寄存器 SBUF：发送 SBUF 和接收 SBUF 公用一个地址 99H。

① 发送 SBUF 存放待发送的 8 位数据，写入 SBUF 将同时启动发送。发送语句：

```
SBUF=m;
```

② 接收 SBUF 存放已接收成功的 8 位数据，供 CPU 读取。读取串口接收数据语句：

```
m=SBUF;
```

（2）输入移位寄存器：串行通信中，外界数据通过引脚 RXD（P3.0：串行数据接收端）输入。输入数据首先逐位进入输入移位寄存器，由串行数据转变为并行数据，然后再进入接收 SBUF。

（3）串口控制寄存器 SCON：串口控制寄存器 SCON 主要用于串行通信的方式选择、接收和发送控制，并可以反映串口的工作状态。结构见表 5-1-1。

表 5-1-1 SCON 寄存器的结构

SCON	SCON.7	SCON.6	SCON.5	SCON.4	SCON.3	SCON.2	SCON.1	SCON.0
(98H)	SM0	SM1	SM2	REN	TB8	RB8	TI	RI
位地址	8FH	8EH	8DH	8CH	8BH	8AH	89H	88H

① SCON.7 和 SCON.6 位（SM0 和 SM1）——串行方式选择位：这两位用于选择串行端口的 4 种方式，如表 5-1-2 所示。

表 5-1-2 串口工作方式选择

SM0	SM1	工作方式	功能描述	波特率
0	0	方式 0	8 位同步移位寄存器	$f_{osc}/12$
0	1	方式 1	10 位通用异步收发接口	可变
1	0	方式 2	11 位通用异步收发接口	$f_{osc}/64$ 和 $f_{osc}/32$
1	1	方式 3	11 位通用异步收发接口	可变

② SCON.5 位（SM2）——多机通信控制位：在方式 2 和方式 3 中，如果 SM2=1，则接收到的第 9 位数据 RB8 为 0 时不启动接收中断标志 RI（即 RI=0），并且将接收到的前 8 位数据丢弃；RB8 为 1 时，才将接收到的前 8 位数据送入 SBUF，并置位 RI，产生中断请求。如果 SM2=0，则不论第 9 位数据为 0 还是 1，都将前 8 位数据装入 SBUF 中，并产生中断请求。在方式 0 时，SM2 必须为 0。

③ SCON.4 位（REN）——允许串行接收位：当 REN=1 时，允许接收；当 REN=0 时，禁止接收。由指令将 REN 置 1 或清 0。

④ SCON.3 位（TB8）——发送数据的第 9 位：可用作校验位和地址/数据标识位，只在方式 2 或方式 3 中使用。

⑤ SCON.2 位（RB8）——接收数据的第 9 位：在方式 2 或方式 3 中，RB8 的状态与 TB8 相呼应。

⑥ SCON.1 位（TI）——发送中断标志位：发送完一帧数据，硬件将 TI 置 1，向 CPU 请求中断；CPU 响应中断后，必须由指令将 TI 清 0。

⑦ SCON.0 位（RI）——接收中断标志位：接收完一帧数据，硬件将 RI 置 1，向 CPU 请求中断；CPU 响应中断后，必须由指令将 RI 清 0。

SCON 的地址是 98H，可以位寻址；复位后，SCON 的所有位均为 0。

3）串口方式 0

在方式 0 下，串口用作同步移位寄存器，以 8 位数据为一帧，先发送或接收最低位，每个机器周期发送或接收 1 位，波特率固定为 $f_{osc}/12$。例如，采用 12 MHz 的系统时，机器周期为 1μs，因此发送或接收 1 帧数据的时间是 8 μs。

串行数据由 RXD（P3.0）端口输入或输出，同步移位脉冲由 TXD（P3.1）端口输出。

方式 0 常用于扩展 I/O 端口。采用不同的指令实现输入或输出，其具体情况如下。

（1）发送：执行下面的语句

```
SBUF=m;
```

CPU 将把 1 字节的数据写入发送数据缓冲器 SBUF，串口即把 8 bit 数据按低位在前、高位在后的顺序以 $f_{osc}/12$ 的波特率从 RXD 端口输出。发送完后，硬件把中断标志位 TI 置 1，向 CPU 请求响应。如要继续发送，需要用指令将 TI 清 0。

（2）接收：在串口控制寄存器中的 REN 位是串口允许接收控制位，因此在准备接收数据时，先用指令把 REN 置 1，使串口允许接收数据，然后执行下面的指令

```
m=SBUF;
```

CPU 即开始按低位在前、高位在后的顺序从 RXD 端口以 $f_{osc}/12$ 的波特率输入数据，接收完 8 bit 数据后，由硬件把中断标志位 RI 置 1，向 CPU 请求响应。如要继续接收，则需要用指令将 RI 清 0。

注意 在工作方式 0 条件下，SM2 必须为 0，TB8 和 RB8 没用；发送或接收完 8 bit 数据后由硬件将 TI 或 RI 置 1，不管程序中采用查询方式还是中断方式，硬件都不会自动将 TI 或 RI 清 0，必须采用指令清除。

4. 任务分析

单片机与 PC 的电平标准不同，单片机采用 TTL 电平，PC 采用 RS-232 标准接口电平，因而二者进行数据交换时需要电平转换电路。

1）硬件电路

根据要求，设计电路如图 5-1-2 所示。

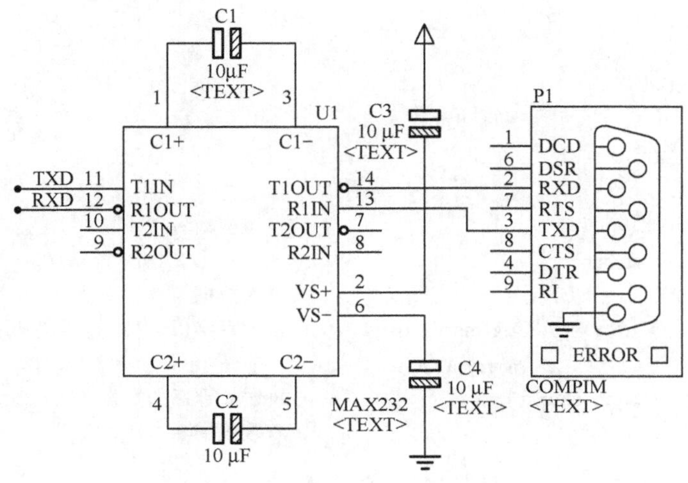

图 5-1-2 串口电平转换电路

2）程序设计

根据任务分析，结合任务描述和电路图，将字符中的大写字母转换成小写字母，首先应判断字符是否为大写字母，然后根据 ASCII 码的方式，加上小写字母与大写字母的差值就能完成转换。

3）完整程序设计

根据以上分析，可得查询方式下完整程序如下：

```
//程序：5-1-1.c
//功能：单片机与 PC 通信程序
#include "reg51.h"                    //包含头文件 reg51.h，定义了 51 单片机的专用寄存器
#include uchar unsigned char
//函数名：send_char
//函数功能：通过串口发送一个字符
//形式参数：变量 m
//返回值：无
void send_char(uchar m)
{           SBUF=m;                   //将输出的内容送到串口缓冲寄存器
            while(TI==0);             //等待输出完毕
            TI=0;                     //发送完成，TI 由软件清 0
}
void main()                           //主函数
{ TMOD=0x20;                          //定时器 T1，工作方式 2
```

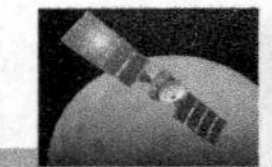

```
    TH1=0xfd;                       //波特率为 9 600 bps
    TL1=0xfd;
    SCON=0x80;                      //定义串口工作方式 1，允许接收
    PCON=0x00;                      //波特率不变
    TR1=1;                          //启动 T1
    ES=1;                           //允许串口中断，采用中断方式处理串口接收
    EA=1;                           //开启中断
    while(1);
}
//函数名：serial
//函数功能：中断方式实现字符的转换
//形式参数：无
//返回值：无
void serial() interrupt 4                        //串口中断号为 4
{             uchar m;
              m=SBUF;                            //读入数据
              if((m>='A')&&(m<='Z'))             //将大写字母转换成小写字母
                      m=m+'a'-'A';
              send_char(m);                      //发送处理后的数据
              TI=0;                              //清接收中断
}
```

读者可以根据以上程序自行编写其他方式下的完整程序。

5. 任务实施

（1）在 Proteus 软件中按图 5-1-2 搭接好电路，元件清单如表 5-1-3 所示。

（2）在 Keil 软件中编辑程序，进行编译，得到 HEX 格式文件。

（3）将所得的 HEX 格式文件在 Proteus 中加载到单片机芯片中。

（4）运行仿真，观察仿真结果。

（5）Proteus 中的结果正常后，用实际硬件搭接并调试电路，通过编程器将 HEX 格式文件下载到 AT89C51 中，通电验证实验结果。

表 5-1-3　元件清单

元件名称	型　号	数　量	Proteus 中的名称
单片机芯片	AT89C51	1 片	AT89C51
晶振	6 MHz	1 个	CRYSTAL
电容	22 pF	2 个	CAP
电解电容	22 μF	1 个	CAP-ELEC
按钮		1 个	BUTTON
MAX232		1 个	MAX232
串口模块		2 个	COMPIM
电阻	阻值见电路	若干	RES

任务 5-2　双机串口通信系统

知识分布网络

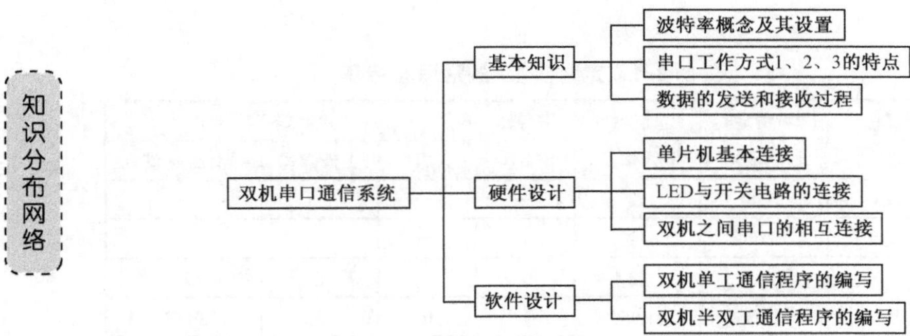

1. 任务目标

（1）完成双机通信的接口设计；

（2）完成双机通信的程序设计。

2. 任务要求

将单片机甲 P2 口输入的数据通过串口发送到单片机乙，并在单片机乙外接的 LED 发光二极管上显示出来。

3. 相关知识

这是一个双机单向传输数据的任务。单片机甲读入 P2 口输入的数据或单片机乙送显某个数据，在指令上都是比较简单的，任务的关键是如何选择合适的传输速率将单片机甲的数据传输到单片机乙。这涉及串口的工作方式及波特率的选择。

1）波特率

波特率的大小决定传输速率的大小，波特率越大，传输速率越大。波特率与系统时钟频率及选择的工作方式种类有关。

方式 0 为固定波特率：　$B=f_{osc}/12$

方式 2 可选两种波特率：　$B=(2^{SMOD}/64)\times f_{osc}$

SMOD 为电源控制寄存器 PCON（97H，不能位寻址）的 D7 位，可以通过指令设置 SMOD 为 0 或 1，得到两种不同的波特率 $f_{osc}/32$ 或 $f_{osc}/64$。

方式 1、3 用 T1 作为波特率发生器，波特率可变。

此时　$B=(2^{SMOD}/32)\times$ T1 溢出率

T1 为方式 2 的时间常数：　$X=256-t/T$

溢出时间：　$t=(256-X)T=(256-X)\times 12/f_{osc}$

$$\text{T1 溢出率}=1/t=f_{osc}/[12\times(256-X)]$$

$$\text{波特率 } B=(2^{SMOD}/32)\times f_{osc}/[12\times(256-X)]$$

串口方式 1、3，根据波特率选择 T1 工作方式，计算时间常数。

$$\text{T1 选方式 2：TH1}=X=256-f_{osc}/12\times 2^{SMOD}/(32\times B)$$

当定时器 T1 做波特率发生器使用时，通常是工作在定时器的工作方式 2 下，即作为一个自动重装载初值的 8 位定时器，TL1 做计数用，自动重装载的值在 TH1 内。

以上计算过程较为复杂，读者可以直接根据表 5-2-1 选择方式 1 或者方式 3 的波特率。

表 5-2-1　定时器 T1 的常用波特率

串口工作方式	波特率（kbps）	f_{osc}（MHz）	寄存器 SMOD	定时器 T1 C/T	定时器 T1 工作方式	定时器 T1 计数初值
方式 0	1 000	12	—	—	—	—
方式 2	375	12	1	—	—	—
方式 1、3	62.5	12	1	0	2	FFH
	19.2	11.059	1	0	2	FDH
	9.6	11.059	0	0	2	FDH
	4.8	11.059	0	0	2	FAH
	2.4	11.059	0	0	2	F4H
	1.2	11.059	0	0	2	E8H
	0.11	6	0	0	2	72H
	0.11	12	0	0	1	FEE4H

2）与双机/多机通信有关的工作方式

（1）方式 1：在方式 1 下，串口为 10 位帧格式的通用异步接口。发送或接收的 1 帧数据包括 1 位起始位“0”、8 位数据位、1 位停止位“1”，传输波特率可变。其发送与接收情况如下。

① 发送：当执行语句“SBUF=m;”时，CPU 将 1 字节（8 bit）的数据写入发送数据缓冲区 SBUF，并启动发送，数据从 TXD（P3.1）端口输出。发送完后，硬件把中断标志位 TI 置 1，向 CPU 请求响应。如要继续发送，则需要用指令将 TI 清 0。

② 接收：在接收数据时，先用指令把 REN 置 1，使串口允许接收数据；RI 标志为 0，串口采用 RXD 端口（P3.0）。当采样到“1 到 0”的跳变时，确认是起始位“0”，就认为收到了 1 帧数据。当停止位到来时，RB8 位置 1，同时接收中断标志位 RI 置 1，向 CPU 请求中断。不管是在查询方式下还是在中断方式下，如要继续接收都必须用指令将 RI 清 0，然后执行语句“unsigned char m; m=SBUF;”，数据就从接收 SBUF 进入到缓存器中了。

（2）方式 2 和方式 3：在方式 2 或者方式 3 下，串口为 11 位通用异步接口，只是这两种方式下波特率一个是可变的，一个是固定的，其余完全相同。这两种方式发送或接收的 1 帧数据包括 1 位起始位“0”、8 位数据位、1 位可编程位、1 位停止位“1”。其发送与接收情况如下。

① 发送：发送前，首先根据多机通信间的约定用指令设置 TB8（奇偶校验位或地址/数据标识位），执行语句“SBUF=m;”时，CPU 将 1 字节（8 bit）的数据写入发送数据缓冲区 SBUF；同时，串口自动把 TB8 装入发送移位寄存器的第 9 位数据位置上并启动发送，数据从 TXD（P3.1）端口输出。发送完后，硬件把中断标志位 TI 置 1，向 CPU 请求响应。如要继续发送，则需要用指令将 TI 清 0。

② 接收：在接收数据时，先用指令把 REN 置 1，把 RI 清 0，使串口允许接收数据。然后根据 SM2 的状态和接收到的 RB8 的状态，决定 RI 是否置 1。

若 SM2=0，则不管收到的 RB8 为 0 还是为 1，RI 均置 1，串口接收发来的信息。

若 SM2=1 且 RB8 为 1，则 RI 置 1，串口接收发来的信息。

若 SM2=1 且 RB8 为 0，则 RI 不置 1，串口不接收发来的信息。

不管是在查询方式下还是在中断方式下，如要继续接收都必须用指令将 RI 清 0，然后执行语句“unsigned char m; m=SBUF;”，数据就从接收 SBUF 进入到缓存器中了。

小贴士　双机通信时两个单片机的串口工作方式、波特率要设置成一样，晶振也要用相同的频率。

4. 任务分析

硬件电路如图 5-2-1 所示。由于这是一个双机单向通信的任务，甲机 U1 发、乙机 U2 收，没有单片机的地址寻址，因此可以采用方式 1 实现。

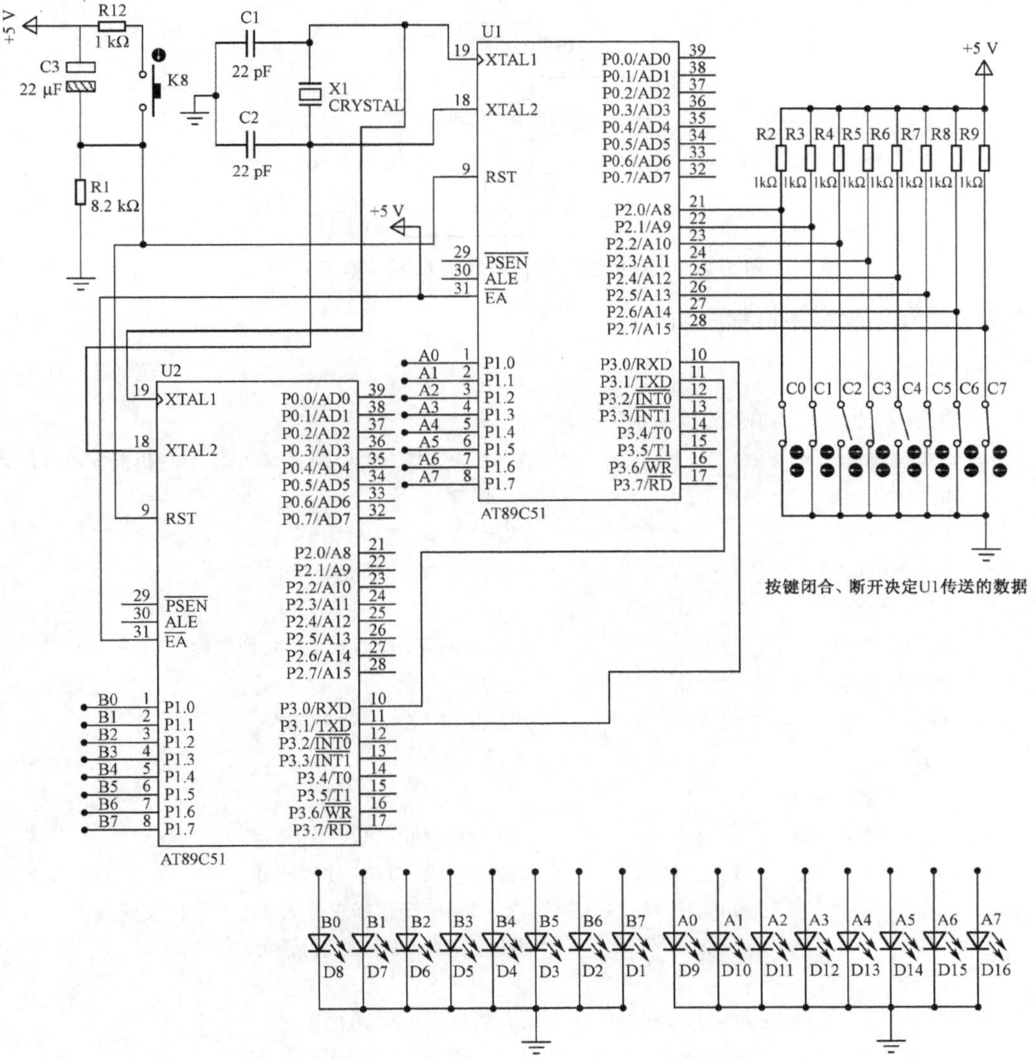

图 5-2-1　双机通信系统电路图

1）甲机（U1）读入并发送数据

甲机（U1）采用 P2 口读入数据，由于单片机读入数据分为读引脚和读锁存器两种情况，为了能成功地读入引脚状态，必须先向引脚写 1。

甲机的程序流程图如图 5-2-2 所示。

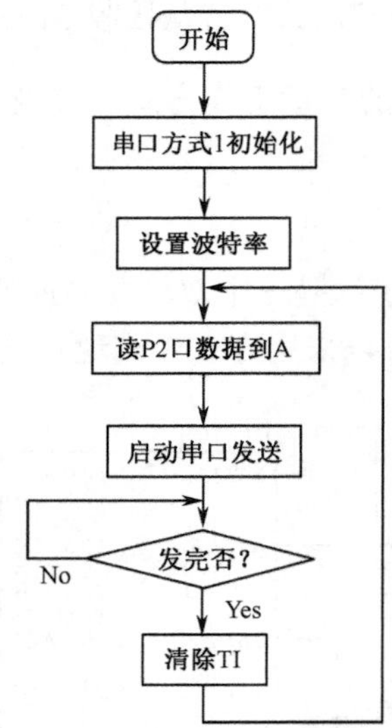

图 5-2-2　双机通信甲机程序流程图（单工）

根据该流程图编写甲机程序如下：

```
//程序：5-2-1.c
//功能：双机串口通信发送数据程序
#include "reg51.h"                  //包含头文件 reg51.h，定义了 51 单片机的专用寄存器
void main()                         //主函数
{ TMOD=0x20;                        //定时器 T1，工作方式 2
  TH1=0xfd;                         //波特率为 9 600 bps
  TL1=0xfd;
  SCON=0x50;                        //定义串口工作方式 1，允许接收
  PCON=0x00;                        //波特率不变
  TR1=1;                            //启动 T1
  while(1)
  { do{ SBUF=0x01;
        while(!TI);                 //查询等待发送是否完成
              TI=0;                 //发送完成，TI 由软件清 0
              while(!RI);           //查询等待接收标志位为 1，表示接收到数据
              RI=0;                 //接收完成，RI 由软件清 0
      }
          while((SBUF^0x02)!=0);    //判断是否收到 0x02
          do{ SBUF=P2;
              while(!TI);
```

```
                TI=0;
                SBUF=0xff;
                while(!TI);
                TI=0;
                while(!RI);
                RI=0;
        }
            while((SBUF^0xff)!=0);
    }
}
```

2）乙机（U2）接收数据并送显

乙机需要设置与甲机相同的波特率和串口工作方式，采用查询方式的程序流程图如图 5-2-3 所示。

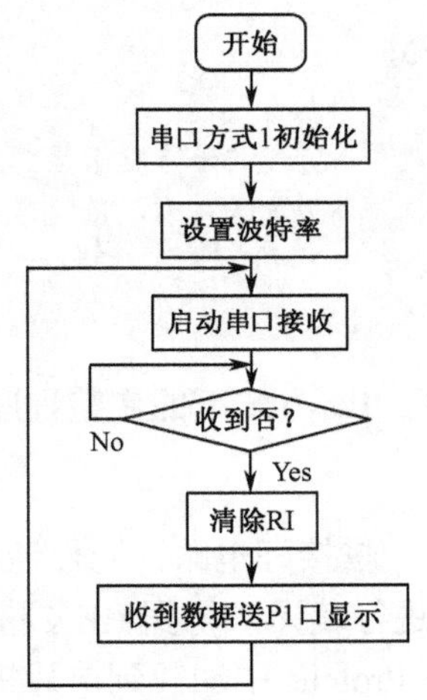

图 5-2-3　乙机接收程序流程图（单工）

根据上述流程图可以编写出以下程序：

```
//程序：5-2-1.c
//功能：双机串口通信接收数据程序
#include "reg51.h"                    //包含头文件 reg51.h，定义了 51 单片机的专用寄存器
void main()                           //主函数
{ TMOD=0x20;                          //定时器 T1，工作方式 2
  TH1=0xfd;                           //波特率为 9 600 bps
  TL1=0xfd;
  SCON=0x50;                          //定义串口工作方式 1，允许接收
  PCON=0x00;                          //波特率不变
  TR1=1;                              //启动 T1
  P1=0xff;                            //关闭显示
  while(1)
```

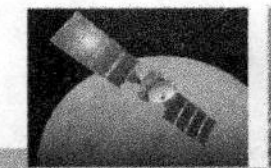

```
{ do{
            while(!RI);           //查询等待接收标志位为 1，表示接收到数据
            RI=0;                 //接收完成，RI 由软件清 0
    }
        while((SBUF^0x01)!=0);    //判断是否收到 0x01

        do{ SBUF=0x02;
        while(!TI);
            TI=0;
            while(!RI);
            RI=0;
            P1=SBUF;
            while(!RI);
            RI=0;
    }
        while((SBUF^0xff)!=0);
        SBUF=0xff;
  while(!TI);                     //查询等待发送是否完成
  TI=0;                           //发送完成，TI 由软件清 0
 }
}
```

读者可以根据以上程序自行编写中断方式下的完整程序。

5. 任务实施

（1）在 Proteus 软件中按图 5-2-1 搭接好电路，元件清单如表 5-2-2 所示。

（2）在 Keil 软件中编辑程序，进行编译，得到 HEX 格式文件。

（3）将所得的 HEX 格式文件在 Proteus 中加载到单片机芯片中。

（4）运行仿真，观察仿真结果。

（5）Proteus 中的结果正常后，用实际硬件搭接并调试电路，通过编程器将 HEX 格式文件下载到 AT89C51 中，通电验证实验结果。

表 5-2-2　元件清单

元件名称	型　号	数　量	Proteus 中的名称
单片机芯片	AT89C51	2 片	AT89C51
晶振	6 MHz	1 个	CRYSTAL
电容	22 pF	2 个	CAP
电解电容	22 μF	1 个	CAP-ELEC
按钮		1 个	BUTTON
开关		8 个	SWITCH
LED 发光二极管		16 个	LED-RED
电阻	阻值见电路	若干	RES

任务 5-3　多机串口通信系统

知识分布网络

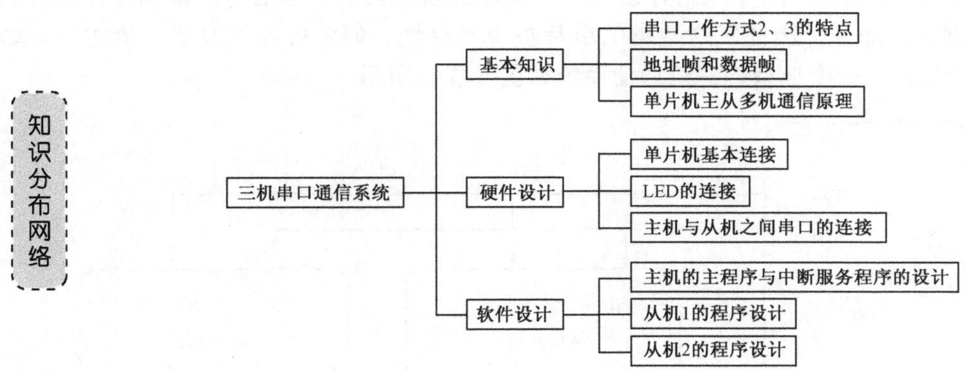

1. 任务目标

（1）完成多机通信的接口设计；
（2）掌握地址帧、数据帧在多机通信中的应用；
（3）完成多机通信的程序设计。

2. 任务要求

乙机的 8 位数码管采用动态链接方式，共阴极数码管的段选线由 P0 口控制，用同相三态缓冲器驱动器 74LS245 驱动，数码管的位选端由 P2 口控制。甲机作为发送端，乙机作为接收端。甲机（U2）的串行数据发送端 P3.1 脚链接乙机的串行数据接收端 P3.0 脚；甲机的 P3.0 脚接乙机的 P3.1 脚。注意两个系统必须共地。

3. 相关知识

1）串口工作方式 2

工作方式 2 为 11 位异步通信工作方式。发送或接收 1 帧数据的信息包括 1 位起始位“0”、8 位数据位、1 位可编程位和 1 位停止位“1”。数据传输速率即波特率为晶体振荡器频率 1/64（SMOD=0）或 1/32（SMOD=1）。

（1）发送：发送前，首先根据通信双方的约定（即通信协议）由软件设置可编程位（TB8），然后将要发送的数据写入 SBUF，即可启动发送器。

（2）接收：接收之前要把 REN 置 1，使串口处于允许接收状态，同时还要把 RI 清 0。

当 SM2=0 时，不管接收到的 RB8 为 0 还是为 1，串口均接收发来的数据，RI 置 1。

当 SM2=1 且 RB8=1 时，表示接收到的数据是地址帧，串口接收发来的数据，RI 置 1。

当 SM2=1 且 RB8=0 时，表示接收到的数据是数据帧，RI 不置 1，串口接收的数据被丢弃。

不管采用查询方式还是中断方式，都必须用指令清 RI。

2）串口工作方式 3

方式 3 的功能与方式 2 完全相同，唯一不同的是方式 3 的波特率是可以通过调整定时器 T1 的溢出率来设置的。

3）多机通信原理

人们在现实生活中打电话时，首先应该拨对方的电话号码，这个电话号码就是使人们能找到对方的“地址”。同样，当有超过两个单片机系统要进行通信时，数据的发送方也必须找到接收方的地址，因此发送数据的单片机也要寻址。假定数据的发送方为主机，数据的接收方为从机。一个典型的三机通信系统如图 5-3-1 所示。

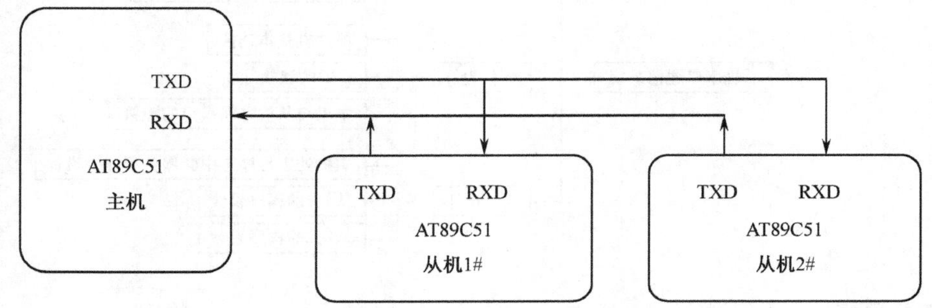

图 5-3-1　典型的三机通信系统接口图

主机在给从机发送数据之前，先要发送出接收从机的地址，称为地址帧。所有的从机都会收到这个地址帧，但是只有地址编号与地址帧相同的从机才会向主机发出自己的地址供主机核对。主机核对无误以后才开始发送数据帧；如果核对有误，主机要重新发送地址帧。

利用串口方式 2 或方式 3 可以实现多机通信，其通信过程归纳如下：

（1）主机与所有的从机都初始化为方式 2 或方式 3，置 SM2=1。

（2）主机置 TB8=1，发送要寻址的从机地址。

（3）所有从机均接收到主机发出的地址帧，并将接收到的地址帧与本机地址比较。

（4）被寻址的从机确认地址后，置本机 SM2=0，向主机返回本机地址，供主机核对；若不是被寻址的从机，则 SM2=1，保持不变。

（5）主机收到被寻址的从机发出的地址且核对无误后，启动数据发送，此时只有刚才那个 SM2 被置为 0 的从机才能接收数据。

（6）通信只能在主机与从机之间进行，从机之间的通信必须通过主机的中介作用才能进行。

（7）通信结束后，主、从机重新将 SM2 置 1，主机可以进行下一次通信的寻址。

4. 任务分析

1）电路设计

硬件电路如图 5-3-2 所示。为了使程序简单，这里采用定时器 T1，工作方式 2，采用固定的波特率。

2）软件程序设计

将甲机的数据通过串口用异步通信的方式发送出去，然后把接收到的乙机传送到串口的数据保存下来，最后再送到 LED 数码管依次显示出来。

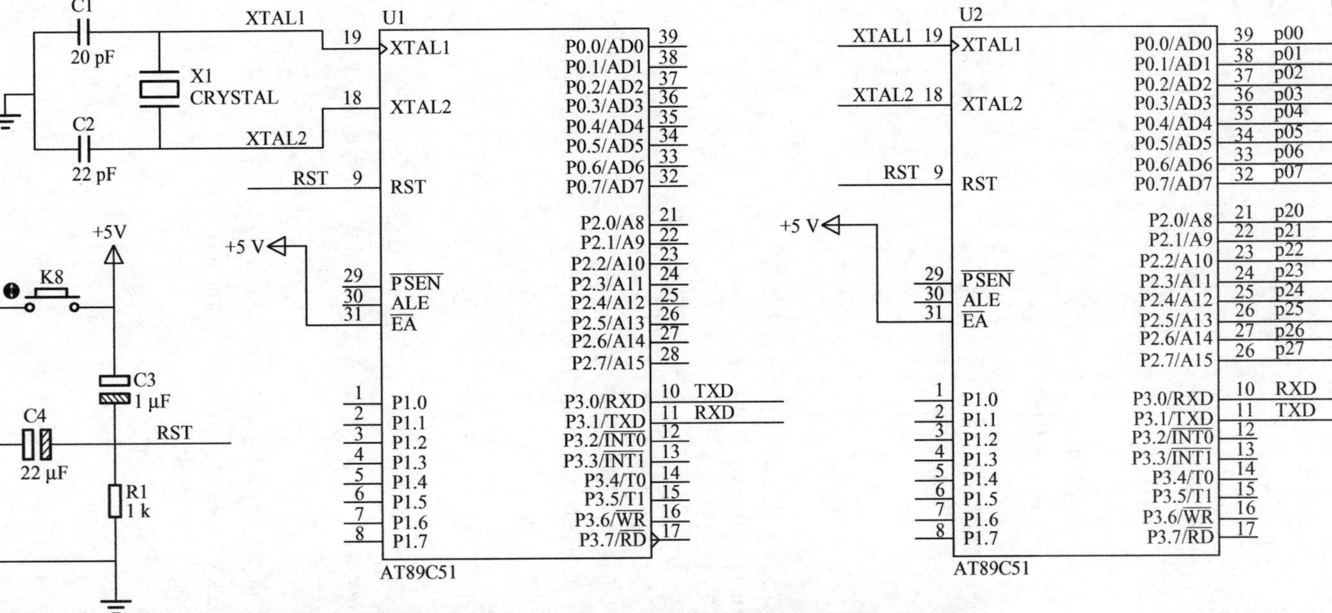

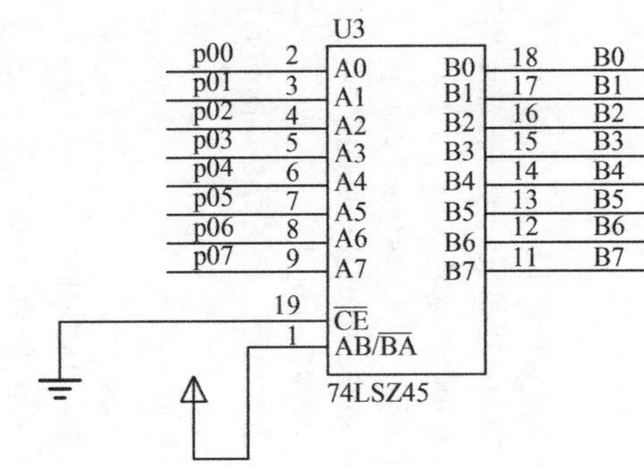

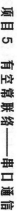

图5-3-2　三机串口通信系统电路图

程序如下：

```
//程序：5-3-1.c
//功能：甲机发送数码管显示程序
#include "reg51.h"                    //包含头文件 reg51.h，定义了 51 单片机的专用寄存器
#define uchar unsigned char           //宏定义
#define uint unsigned int
//函数名：init
//函数功能：相关寄存器的初始化
//形式参数：无
//返回值：无
void init()
{ TMOD=0x20;                          //定时器 T1，工作方式 2
  TH1=0xfd;                           //波特率为 9 600 bps
  TL1=0xfd;
  TR1=1;                              //启动 T1
  SCON=0x40;                          //定义串口工作方式 1
}

void main()                           //主函数
{ uchar i;
                                //定义要发送给数码管显示的数据
  uchar send[]={0x02,0x00,0x01,0x07,0x01,0x02,0x01,0x00};
  init();                       //子函数调用
  for(i=0;i<8;i++)
  { SBUF=send[i];               //发送第 i 个数据
    while(TI==0);               //查询等待发送是否完成
        TI=0;                   //发送完成，TI 由软件清 0
  }
  while(1);
}
```

```
//程序：5-3-1.c
//功能：乙机接收与显示程序
#include "reg51.h"              //包含头文件 reg51.h，定义了 51 单片机的专用寄存器
#define uchar unsigned char     //宏定义
#define uint unsigned int
                                //共阴极数码管显示字形码
uchar code a[10]={0x3f,0x06,0x5b,0x4f,0x66,0x6d,0x7d,0x07,0x7f,0x6f};
uchar buffer[]={0,0,0,0,0,0,0,0}; //定义接收数据缓冲区
//函数名：init
//函数功能：相关寄存器的初始化
//形式参数：无
//返回值：无
void init()
{ TMOD=0x20;                    //定时器 T1，工作方式 2
  TH1=0xfd;                     //波特率为 9 600 bps
```

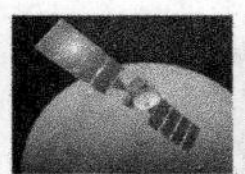

```
    TL1=0xfd;
    TR1=1;                          //启动 T1
    SCON=0x40;                      //定义串口工作方式 1
}
//函数名：init
//函数功能：在 8 个数码管上显示 buffer 中的 8 个数
//形式参数：无
//返回值：无
void display()
{ uchar i,j,k;
    k=0x01;                         //位选码赋初值
    for(i=0;i<8;i++)
    { P2=0xff;                      //关闭端口之前的状态
      P0=a[buffer[i]];              //送显示字形码到 P0 口
      P2=~k;                        //变量 k 取反，作为位选码
      for(j=0;j<200;j++);           //显示延时
      k<<=1;                        //变量 k 左移一位
    }
}
void main()                         //主函数
{ uchar i;
    init();                         //调用初始化函数
    for(i=0;i<8;i++)
    { REN=1;                        //允许接收
      while(RI==0);                 //查询等待接收标志
      buffer[i]=SBUF;               //接收数据
      RI=0;                         //RI 由软件清 0
    }
    for(;;)                         //显示接收数据
    display();
}
```

5. 任务实施

（1）在 Proteus 软件中按图 5-3-2 搭接好电路，元件清单如表 5-3-1 所示。

（2）在 Keil 软件中编辑程序，进行编译，得到 HEX 格式文件。

（3）将所得的 HEX 格式文件在 Proteus 中加载到单片机芯片中。

（4）运行仿真，观察仿真结果。

（5）Proteus 中的结果正常后，用实际硬件搭接并调试电路，通过编程器将 HEX 格式文件下载到 AT89C51 中，通电验证实验结果。

表 5-3-1　元件清单

元件名称	型　号	数　量	Proteus 中的名称
单片机芯片	AT89C51	3 片	AT89C51
晶振	6 MHz	1 个	CRYSTAL
电容	22 pF	2 个	CAP

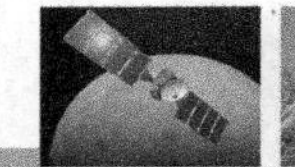

续表

元件名称	型　号	数　量	Proteus 中的名称
电解电容	22 μF	1 个	CAP-ELEC
按钮		3 个	BUTTON
开关		8 个	SWITCH
数码管	8 位	1 个	七段数码管
电阻	阻值见电路	若干	RES

知识梳理与总结

（1）单片机的串口可以实现双机或多机之间的双工通信。

（2）发送 SBUF 和接收 SBUF 虽然所用的地址是相同的，但前者只能写，后者只能读，因此不会造成混淆。

（3）SCON 专用寄存器中包含了工作方式设置、中断标志位等重要的功能位，是串口应用的一个关键寄存器。

（4）设置好串口后，只要执行语句“SBUF=，‘待发数据’”就可以发数据了。

（5）可以采用查询方式，也可以采用中断方式来编写串口通信的程序。

（6）注意串口的中断标志位 TI、RI 没有自动清 0 功能，必须通过指令清 0。

（7）多机通信时，每个从机都一个自己的地址帧，主机向从机发数据时，先发送地址帧，再发数据帧。

（8）参加通信的单片机要设置相同的波特率、工作方式、晶振频率，否则会发生错误。

（9）工作方式 1、3 的波特率可以通过设置 T1 的计数初值进行改动。

（10）工作方式 0 常用来进行串并转换、工作方式 2、3 可用于多机通信。

（11）串口在使用之前，应注意先进行初始化。

（12）单片机串口硬件连接时注意本机的 TXD 脚接另一个单片机的 RXD 脚，而本机的 RXD 脚要接另一个单片机的 TXD 脚。

练习题 5

1．试说出专用寄存器 SCON 中各位的功能。

2．试总结工作方式 1 发送数据与接收数据的过程。

3．试用中断方式编写本章任务 5-2 中的程序。

4．试用中断方式编写本章任务 5-1 中的程序。

5．双机双工通信。

基本要求：

（1）当按下按键 K 时，甲机将 P1 口的数据送给乙机。

（2）乙机收到数据后判断收到的数据是否大于 60，如果是，则送回甲机 FFH；否则送回 0。

（3）甲机如果收到 0，则让绿灯亮；如果收到 FFH，则让红灯亮。

项目6

输入/输出接口电路

教学导航

知识目标	1. 扩展I/O端口接口电路；　2. 扩展I/O端口访问； 3. 多个数码管动态显示的接口电路及程序设计； 4. LED点阵结构与工作原理；　5. 按键开关的抖动的影响及软件消抖的方法； 6. 独立式键盘电路及编程；　7. 矩阵键盘电路及编程
能力目标	1. 掌握常用的简单I/O端口扩展接口电路； 2. 掌握常用的可编程I/O端口扩展接口电路； 3. 能够根据电路编写扩展I/O端口地址； 4. 能够使用指令产生访问扩展I/O端口的读写信号； 5. 掌握动态显示的接口电路；　6. 能够根据要求设计动态显示固定数字的程序； 7. 根据行扫描、列扫描设计亮条显示程序； 8. 独立式键盘电路连接；　9. 独立式键盘电路程序编写； 10. 矩阵式键盘电路连接；　11. 行列扫描在矩阵式键盘程序编写中的应用
重点、难点	1. I/O端口的扩展方法； 2. 数码管的动态显示； 3. 矩阵键盘电路的应用
推荐教学方式	在实验室中采用“一体化”教学，因本项目中的任务综合性较强，所以应注意复习前几个项目中讲解的相关知识点，并最好采用多堂课连上的方式，让学生一次性完整地完成一个项目任务，会取得不错的效果
推荐学习方式	本项目的综合性强，可采用分组的方式，2～3个人一组，共同协作完成。学习之前要注意对前几个项目相关知识点的复习

任务 6-1　I/O 端口扩展

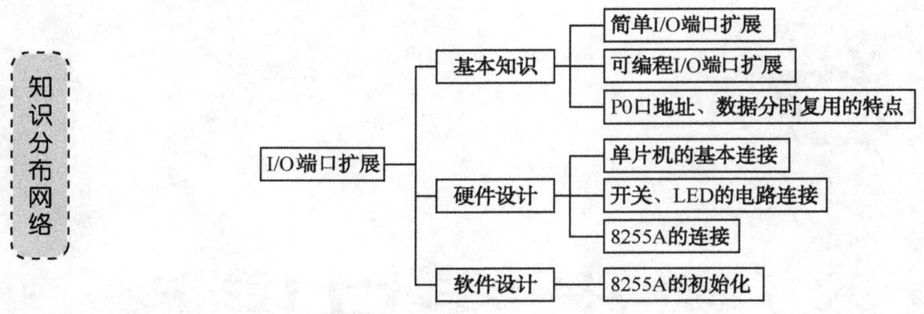

1. 任务目标

（1）I/O 扩展芯片端口设计；

（2）$\overline{\text{RD}}$、$\overline{\text{WR}}$ 信号产生方法；

（3）I/O 扩展芯片的编程控制。

2. 任务要求

用 8255A 扩展 I/O 端口，编程实现读入 A 口数据，通过 B 口送显。

3. 相关知识

1）简单 I/O 扩展

51 系列单片机共有 4 个并行的 32 位 I/O 端口，但是这些 I/O 端口一般不能完全供用户自由使用，因此需要对单片机应用系统进行并行 I/O 端口的扩展。

所有扩展的 I/O 或相当于 I/O 的外设均与单片机扩展的片外 RAM 统一编址，所以访问扩展的 I/O 端口就是访问片外 RAM。

C51 的标准库函数——absacc.h，用于对存储空间的访问。而 XBYTE 函数实现对 51 单片机的 XDATA 存储空间（即片外 RAM 区）进行寻址。其中，使用 C51 扩展关键字 _at_ 实现绝对地址的访问。注意：使用它定义的变量一定要是全局变量。

例如：

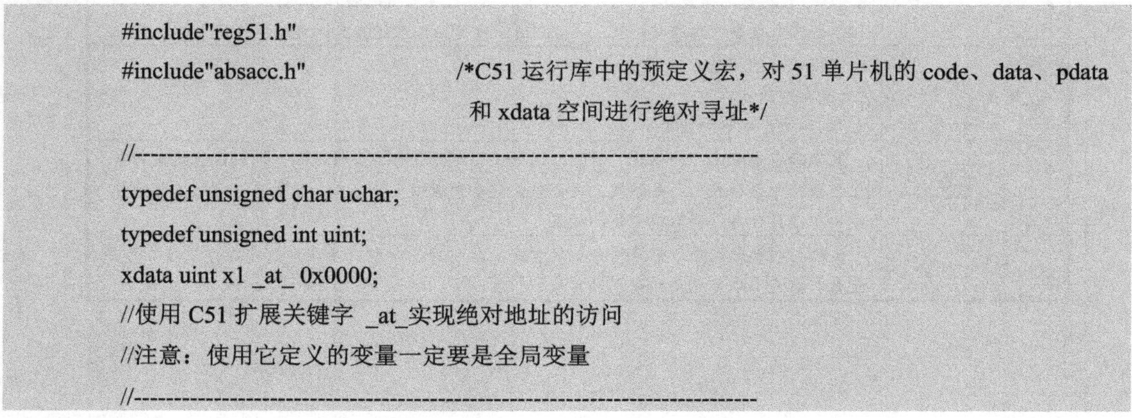

```
#include"reg51.h"
#include"absacc.h"                /*C51 运行库中的预定义宏，对 51 单片机的 code、data、pdata
                                    和 xdata 空间进行绝对寻址*/
//------------------------------------------------------------------------
typedef unsigned char uchar;
typedef unsigned int uint;
xdata uint x1 _at_ 0x0000;
//使用 C51 扩展关键字 _at_实现绝对地址的访问
//注意：使用它定义的变量一定要是全局变量
//------------------------------------------------------------------------
```

```
void main()
{
    uchar x2;
    x1 = 0x55aa;
        //给片外存储器的地址 0x0000 单元和 0x0001 单元分别赋值 0x55 和 0xaa
    XBYTE[0x0010] = 0xaa;
        //XBYTE[0x0010]访问片外 RAM 的 0010 字节单元，并给它赋初值
    x2 = XBYTE[0x0010];
        //将 XBYTE[0x0010]单元的字节（注意定义的是 uchar 型）赋给 x1
}
```

在 Keil 软件中调试运行后的结果如图 6-1-1 所示。

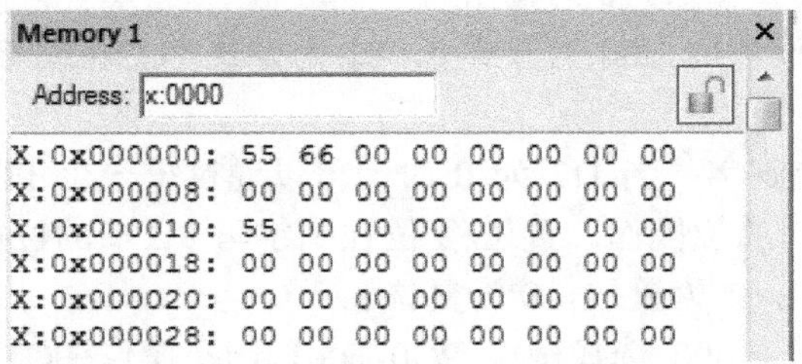

图 6-1-1　调试运行后查看片外 RAM 的结果

其中：

```
XBYTE[0x0010] = 0xaa;        //访问片外 RAM，并且 WR 有效，写片外 RAM
x2 = XBYTE[0x0010];          //访问片外 RAM，并且 RD 有效，读片外 RAM
```

2）可编程 I/O 端口扩展

可编程端口是指其功能可由计算机指令改变的端口芯片，可编程 I/O 端口利用指令设置芯片内部的控制寄存器，可使一个端口芯片执行多种不同的接口功能，使用十分灵活。下面介绍一种简单的、常见的可编程 I/O 端口 8255A。

（1）8255A 引脚介绍如下。

数据总线：PA 口、PB 口、PC 口及 DB 总线各为 8 位，共 32 位。

控制线：$\overline{RD}$ 读信号，低电平有效；$\overline{WR}$ 写信号，低电平有效；RESET 为复位信号，高电平有效，当 RESET 为高电平时，8255A 内部的所有寄存器均处于复位状态。

寻址线：$\overline{CS}$ 为芯片选择线，低电平有效。对 8255A 的 PA 口进行操作时，必须使芯片处于被选择状态。

A1 和 A0 的 4 种组合 00、01、10、11 分别代表了 8255A 内部的 4 个寄存器地址——PA 口、PB 口、PC 口和控制寄存器。

（2）8255A 的工作方式有 3 种：方式 0、方式 1、方式 2。PA 口可以设置为方式 0、方式 1 和方式 2，PB 口与 PC 口只能设置为方式 0 或方式 1。

方式 0：基本输入/输出方式；

方式 1：选通输入/输出方式；

方式2：双向数据传送方式。

（3）8255A的控制寄存器：8255A的3种工作方式是通过对控制寄存器输入控制字（即命令字）来实现的。8255A有以下2个控制字。

① 方式选择控制字：方式选择控制字的作用是选择8255A的工作方式，其功能如下。

方式字寄存器	D7	D6	D5	D4	D3	D2	D1	D0

D0：PC口低4位控制位。1为输入，0为输出。

D1：PB口控制位。1为输入，0为输出。

D2：PB口、C口方式设置位。1为方式1，0为方式0。

D3：PC口高4位控制位。1为输入，0为输出。

D4：PA口控制位。1为输入，0为输出。

D6、D5：PA口方式设置位。00为方式0，01为方式1，10或11为方式2。

D7：必须为1。

② PC口置位/复位控制字：当D7为0时，可以通过把一个PC口置位/复位控制字输入控制寄存器来实现PC口的位操作。置位/复位控制字与PC口的位操作关系如下。

D0：置位/复位控制位。1为置位，0为复位。

D3、D2、D1：位选择。000选择操作PC0，001选择操作PC1，010选择操作PC2，011选择操作PC3，100选择操作PC4，101选择操作PC5，110选择操作PC6，111选择操作PC7。

D6、D5、D4：一般不用。

D7：必须为0。

4. 任务分析

1）硬件电路设计

硬件电路如图6-1-2所示。

小贴士 由于P0口是数据与低8位地址的复用线，因此必须用锁存器（如74HC373）把地址低8位锁存。

2）程序设计

8255A内部有4个寄存器，4个寄存器的地址与$\overline{CS}$、A0和A1与单片机的接口有关。根据电路图6-1-2可以编写出4个寄存器的地址。

PA口：$\overline{CS}$=0、A1A0=00，即0xff7c。

PB口：$\overline{CS}$=0、A1A0=01，即0xff7d。

PC口：$\overline{CS}$=0、A1A0=10，即0xff7e。

控制寄存器：$\overline{CS}$=0、A1A0=11，即0xff7f。

根据任务要求，PA口读入数据（即PA口为输入方式），PB口输出数据送显（即PB口为输出方式），因此控制寄存器应设置为0x90。

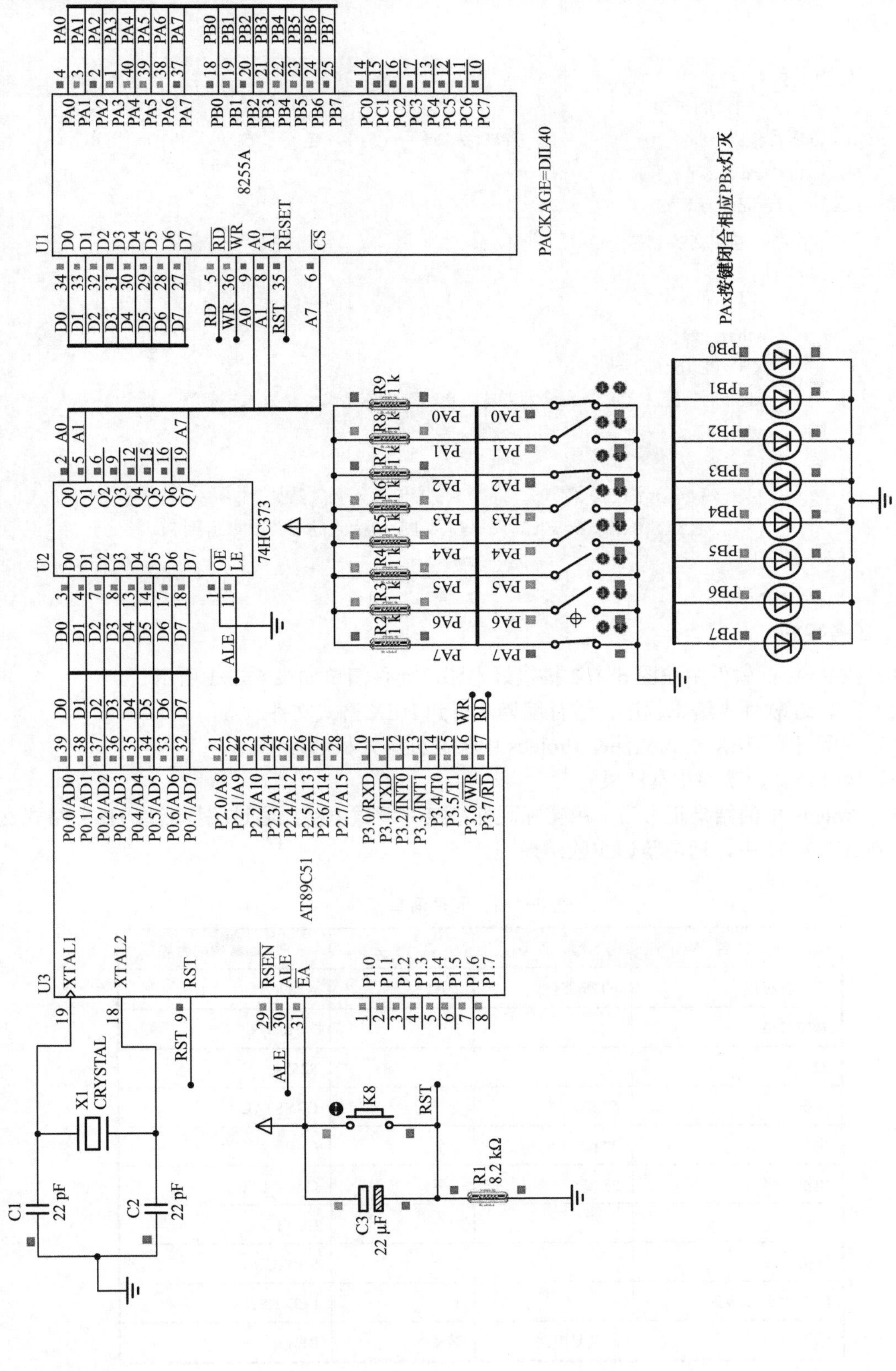

PAx按键闭合相应PBx灯灭

图6-1-2　可编程I/O端口扩展电路

程序如下：

```
//程序：6-1-1.c
//功能：I/O 端口的扩展
#include <reg51.h>                  //包含头文件 reg51.h，定义了 51 单片机的专用寄存器
#include <absacc.h>
#define uint unsigned int
#define uchar unsigned char
void main()
{
        uchar   x1;
        XBYTE[0xff7f] = 0x90;
        //控制字设置：PA 口为输入方式，PB 口输出方式，并写入控制寄存器
        while(1)
        {
            x1 = XBYTE[0xff7c];         //从 PA 口读入开关数据
            XBYTE[0xff7d] = x1;         //将从 PA 口读入的开关数据送到 PB 口显示
        }
}
```

5. 任务实施

（1）在 Proteus 软件中按图 6-1-2 搭接好电路，元件清单如表 6-1-1 所示。

（2）在 Keil 软件中编辑程序，进行编译，得到 HEX 格式文件。

（3）将所得的 HEX 格式文件在 Proteus 中加载到单片机芯片中。

（4）运行仿真，观察仿真结果。

（5）Proteus 中的结果正常后，用实际硬件搭接并调试电路，通过编程器将 HEX 格式文件下载到 AT89C51 中，通电验证实验结果。

表 6-1-1　元件清单

元件名称	型　号	数　量	Proteus 中的名称
单片机芯片	AT89C51	1 片	AT89C51
74HC373		1 个	74HC373
8255A		1 个	8255A
晶振	6 MHz	1 个	CRYSTAL
电容	22 pF	2 个	CAP
电解电容	22 μF	1 个	CAP-ELEC
按钮		1 个	BUTTON
开关		8 个	SWITCH
LED 发光二极管		8 个	LED-RED
电阻	阻值见电路	若干	RES

任务 6-2　数码管动态显示 8 位固定数字

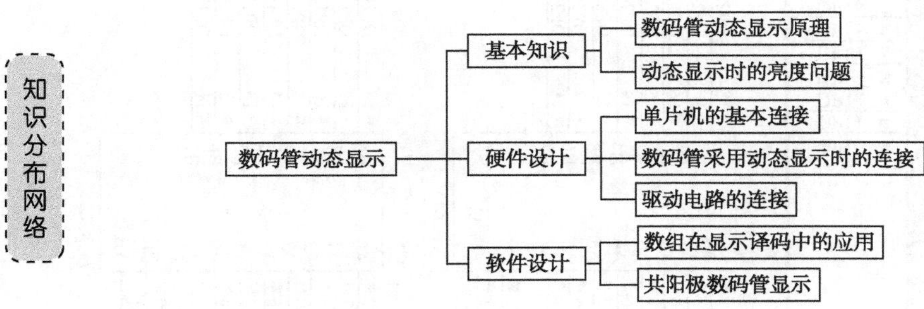

1. 任务目标

（1）动态显示电路接口设计；

（2）动态显示编程控制。

2. 任务要求

编程实现在 8 个 LED 数码管（共阳极）动态显示“76543210”这 8 个数字。

3. 相关知识

动态显示：动态显示是把各显示器的相同段选线并联在一起，由一个 8 位 I/O 控制，而其公共端由其他的 I/O 控制，然后采用扫描方法轮流点亮各位 BCD 数码管，使每位 BCD 数码管分时显示各自应该显示的字符。

这种方式是分时轮流选通数码管的公共端，使得各数码管轮流导通的。当所有的数码管依次显示一遍后，软件控制循环，使每位数码管分时点亮。

这种方式不但能提高数码管的发光效率，而且由于各数码管的段选线并联使用，从而大大地简化了硬件电路。

各数码管虽然是分时轮流导通，但由于发光二极管余辉效应和人眼的视觉暂留作用，当循环扫描频率选取适当时，看上去所有的数码管是同时点亮的，人眼觉察不出有闪烁现象。不过采用动态扫描方式时，数码管不宜太多，否则每个数码管所分配到的实际导通时间就会太短，从而导致亮度不够。通常采用动态显示字型码输出及位选信号输出时，应经驱动后再与数码管相连。

4. 任务分析

1）硬件电路

电路如图 6-2-1 所示。图中，74HC245 为显示驱动模块，可增加数码管的亮度。8 个数码管构成的数码管组也可以用 8 个分立数码管来搭建。

2）程序设计

动态显示扫描的程序流程图如图 6-2-2 所示。

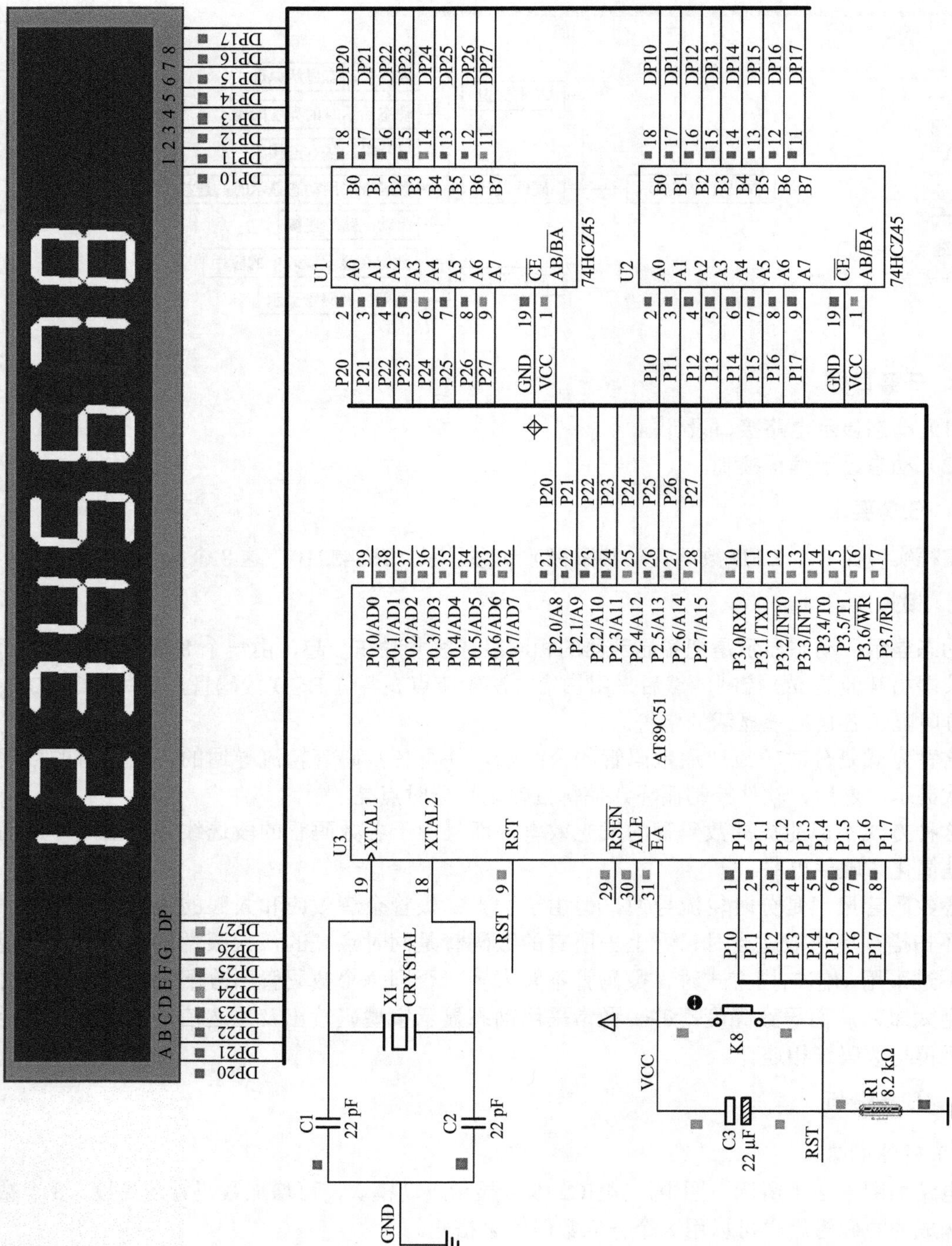

图6-2-1　8位数字动态显示固定数字电路图（共阳极）

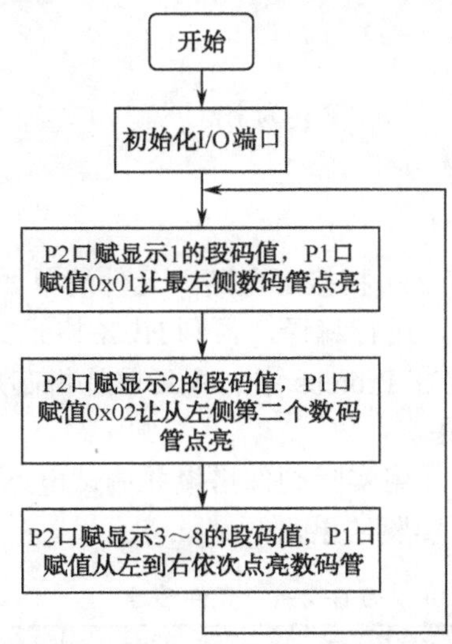

图 6-2-2　8 位数字动态显示固定数字程序流程图（共阳极）

根据流程图，结合硬件电路编写共阳极显示“12345678”的 C 语言程序如下：

```
//程序：6-2-1.c
//功能：数码管动态显示 8 位固定数字
#include <reg51.h>                //reg51.h 头文件中包含 51 单片机的专用寄存器
#define uint unsigned int
#define uchar unsigned char
void delay();   //申明延时函数
void main()
{
    uchar i,w = 0x01;
    //定义一维数组，共阳极数码管的字形码     0～9
    uchar code DISP[] = {0xc0,0xf9,0xa4,0xb0,0x99,0x92,0x82,0xf8,0x80,0x90};
    for(i = 1;i < 9;i ++)
    {
        P2 = 0xff;           //关数码管显示屏，共阳极，段码为高则灯灭
        P1 = w;              //送位码
        P2 = DISP[i];        //送段码，选对应一维数组中的元素
        delay();             //延时
        w <<= 1;             //为显示下一位做准备
    }
}
//函数名：delay
//函数功能：软件实现延时
//形式参数：无
//返回值：无
void delay()                 //定义函数
```

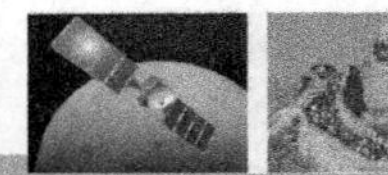

```
    {
        uchar i;
        for(i = 0;i < 200;i ++);        //循环体为空操作
    }
```

5. 任务实施

（1）在 Proteus 软件中按图 6-2-1 搭接好电路，元件清单如表 6-2-1 所示。

（2）在 Keil 软件中编辑程序，进行编译，得到 HEX 格式文件。

（3）将所得的 HEX 格式文件在 Proteus 中加载到单片机芯片中。

（4）运行仿真，观察仿真结果。

（5）Proteus 中的结果正常后，用实际硬件搭接并调试电路，通过编程器将 HEX 格式文件下载到 AT89C51 中，通电验证实验结果。

表 6-2-1　元件清单

元件名称	型　号	数　量	Proteus 中的名称
单片机芯片	AT89C51	2 片	AT89C51
74HC245		2 个	74HC245
8 个数码管组成的数码管组	共阳极	1 个	7SEG-MPX8-CA-BLUE
晶振	12 MHz	1 个	CRYSTAL
电容	22 pF	2 个	CAP
电解电容	22 μF	1 个	CAP-ELEC
按钮		1 个	BUTTON
电阻	阻值见电路	若干	RES

想一想，做一做

思考一下，如果用的是共阴极的数码管，应该怎样修改电路和程序？

任务 6-3　8 按键控制单数码管显示

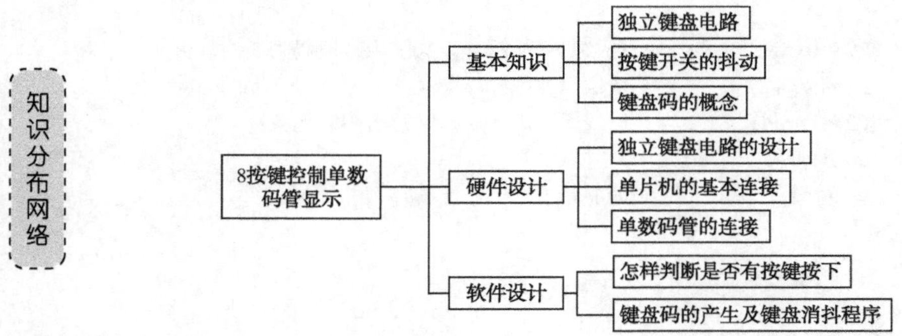

1. 任务目标

（1）独立式键盘电路的连接；

（2）独立式键盘消抖程序编写；

（3）独立式键盘按键按下个数判断程序编写；

（4）独立式键盘的键盘码产生程序编写；

（5）实现根据键盘码采用不同的处理程序；

（6）巩固单片机数码管显示的应用。

2. 任务要求

有 8 个按键（K0～K7），当按下 K0 时数码管显示 0，按下 K1 时数码管显示 1，……，按下 K7 键时数码管显示 7；如果同时有 2 个或 2 个以上的按键按下，则数码管不理会，保持原显示状态。

3. 相关知识

1）键盘电路

键盘是由若干按键组成的开关矩阵，一个按键实际上是一个开关元件，也就是说键盘是一组规则排列的开关。它是微型计算机最常用的输入设备，用户可以通过键盘向计算机输入指令、地址和数据。

键盘码：什么叫键盘码？通俗地理解，就是单片机给每个按键取的一个数字的名字，每个按键都应该有一个自己独立使用的键盘码，每当某个按键被按下时，单片机内部就产生出这个按键所对应的键盘码。

键盘按照接口原理可分为编码键盘与非编码键盘两类，这两类键盘的主要区别是识别键符及给出相应键盘码的方法。编码键盘主要是用硬件来实现对键的识别并产生这个按键对应的键盘码，不用单片机去操心。而非编码键盘主要是由单片机的软件来实现按键的识别和键盘码的产生，什么工作都要由单片机来操心。

全编码键盘能够由硬件逻辑自动提供与键对应的键盘码，此外，一般还具有去抖动和多键、窜键保护电路，这种键盘使用方便，但需要较多的硬件，价格较贵，一般的单片机应用系统较少采用。非编码键盘只简单地提供行和列的矩阵，其他工作均由软件完成。由于其经济实用，较多地应用于单片机系统中。下面将重点介绍非编码键盘接口。

（1）按键开关的抖动问题：单片机中组成键盘的按键一般是由机械触点构成的。由单个按键构成的键盘电路如图 6-3-1 所示。

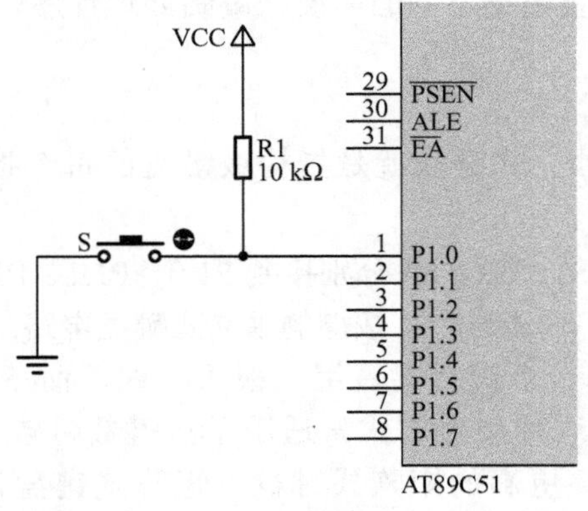

图 6-3-1　单个按键构成的键盘电路图

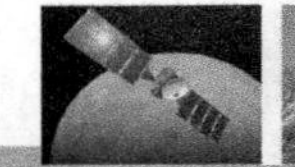

当按键 S 未被按下时，P1.0 输入为高电平；S 被按下后，P1.0 输入为低电平。单片机通过对 P1.0 上的电平高低的判断就可以知道按键 S 是否被按下。由于按键是机械触点，当机械触点闭合、断开时会有抖动，经过一段时间才会稳定下来，在抖动时，机械触点一会儿接触，一会儿断开，接触时 P1.0 为低，断开时 P1.0 为高，所以按一次 S 键，使得 P1.0 输入端的波形如图 6-3-2 所示。

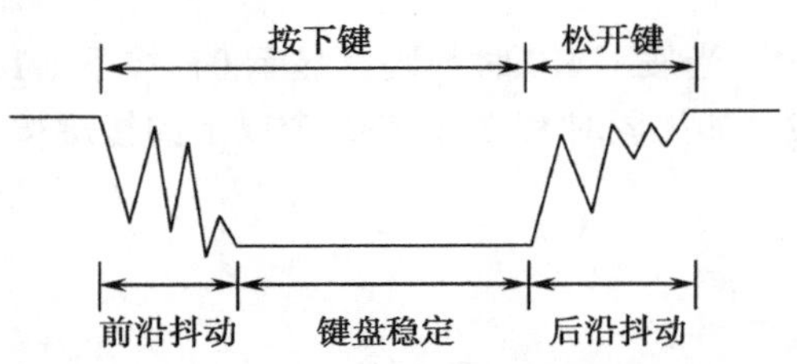

图 6-3-2　按键过程中的电压波形变化

这种抖动对于人来说是感觉不到的，但对计算机来说，则是完全可以感应到的，因为计算机处理的速度是微秒级的，而机械抖动的时间至少是毫秒级，对计算机而言，这已是一段“漫长”的时间了。你只按了一次按键，本来只应该在 P1.0 上产生一次低电平，但由于抖动，在 P1.0 上产生了很多次低电平，而我们知道，单片机是通过对 P1.0 上的电平高低来判断 S 键是否被按下的，这就会使单片机的判断出现错误，引起 CPU 对一次按键操作进行多次处理。

注意　键盘的抖动时间一般为 5～10 ms。

为使 CPU 能正确地读出 P1 口的状态，对每一次按键只响应一次，必须考虑如何去除抖动，常用的去抖动的方法有两种：硬件法和软件法。单片机中常用软件法，因此，对于硬件法就不介绍了。软件法其实很简单，就是在单片机获得 P1.0 口为低电平的信息后，不是立即认定 S 已被按下，而是延时 10 ms 后再次检测 P1.0 口，如果仍为低电平，则说明 S 的确被按下了，这实际上是避开了按键按下时的抖动时间。而在检测到按键释放后（P1.0 为高电平）再延时 10 ms，消除后沿的抖动，然后再对键值处理。不过一般情况下通常不对按键释放的后沿进行处理，实践证明，也能满足一定的要求。当然，实际应用中，对按键的要求也是千差万别的，要根据不同的需要来编制处理程序，但以上是消除键抖动的基本原则。

（2）独立式键盘。

① 电路结构。所谓独立式键盘就是指构成键盘的每个按键占用一根 I/O 端线，见图 6-3-3。

该图中 4 个按键 S0、S1、S2、S3 分别接到 P1.0、P1.1、P1.2 和 P1.3 的 4 个 I/O 脚上，每个按键占用一个 I/O 脚，构成一个 4 按键的独立式键盘电路。

特点：独立式按键每一个键都要占用一根 I/O 线，而 51 单片机的 I/O 线资源是有限的，只有 32 根，所以这种按键方式只适用于按键数量较少的场合，如果按键较多，可以采用 I/O 线利用效率更高的矩阵式键盘，矩阵式键盘将在下一个任务中进行详细讲解。

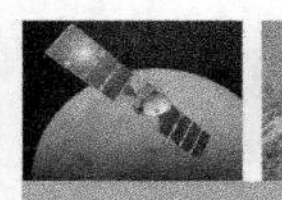

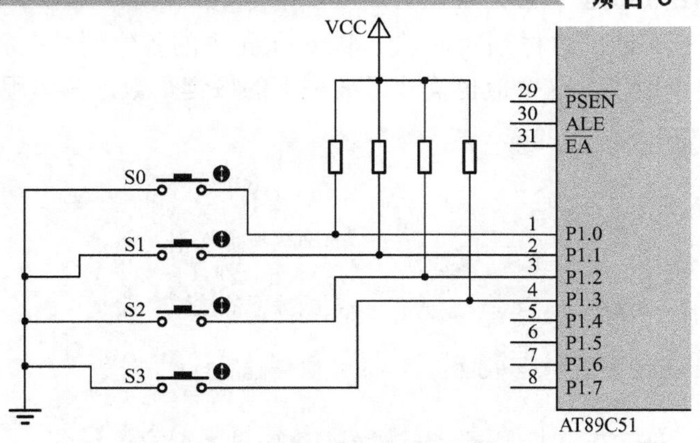

图 6-3-3　独立式按键构成的键盘电路图

② 怎样判断是否有按键被按下？单片机怎么知道有没有按键被按下？之前讲过，单片机通过判断按键所接的 I/O 脚上是否为低电平来确定该按键是否被按下了，可以通过 if 语句“if（P1.X == 0）”或者“if（P1.X == 1）”对引脚电平进行判断，就可以知道是否有按键被按下，但是现在只要单片机判断有没有按键被按下，并不要求判断出是哪一个按键被按下了，如果按键比较多，一个按键一个按键进行判断，是不是太慢了？还有一个更好的方法来判断是不是有按键被按下了，可以把 P1 脚的值送到某个变量中，然后对该变量进行位取反“～”运算，如果没有按键被按下，此时位取反的结果一定为 0，只要有一个按键被按下，不管是哪个按键，都会使 P1 的某位二进制数变为 0，取反后的结果一定会有一位二进制数变为 1，整个结果肯定都大于 0，所以只要判断取反后的结果是不是为 0，就可以知道有没有按键被按下了，具体实现程序如下：

```
unsigned char button;
button = P1;                    //读取 P1 口按键的值
button = ~button;
if(button != 0)                 //button 不为 0，一定有按键按下
{//处理按键按下程序}
```

例如，图 6-3-3 中的 S0 和 S1 两键被按下了，此时 P1 的 8 个引脚只有 P1.0 和 P1.1 为低，P1 的输入值为 11111100，单片机将这个值送入变量中，取反后的结果为 00000011，显然是大于 0 的，单片机就知道有按键被按下了。

注意　对于 P1、P2、P3 口来说，悬空没有使用的引脚相当于输入了高电平。

③ 怎样判断有几个按键被按下？人可以一眼就看出究竟是一个按键被按下还是几个按键同时被按下，但单片机是怎样知道的呢？

将连接按键的 I/O 端口的值送到变量 button 中再取反，则 button 中 8 位二进制数为 1、为 0 的情况就反映了按键的闭合、断开情况，比如 button 的 D0 位为 1 表示接在 P1.0 上的按键闭合，为 0 则表示断开。单片机只要判断一下 button 中为 1 的位数为几位，就可以知道有几个按键被按下了，那么单片机怎样统计 button 中 1 的个数呢？可以采用下面的方法，就是判断 button 的最低位 D0 位是不是为 1，若为 1 就将计数器变量 count 中的内容增加 1，若为 0 则 count 中的内容不变，然后运用循环右移位函数“_cror_( )”将 button 右移

位一次，再对 D0 进行判断。这样判断 8 次，将 button 中的各位判断完后，count 中所装的值就是 button 中 1 的个数了，这个值也反映了被按下的按键个数，具体程序如下：

```
unsigned char i, button ,num= 0;
button = P1;
button = ~button;
if (button != 0)                              //的确有按键按下
{
      for(i = 0; i < 8; i ++)                 //判断按下的按键个数
      {
            if((button & 0x01) == 0x01)       //检测最低位 D0
            {
                  num++;                      //统计按下的按键个数
            }
            button = _cror_(button,1);        //循环移位，8 次后数据还原
      }
}
```

④ 如果只有一个按键被按下，单片机怎样判断是哪一个按键被按下并产生出键盘码的？现在还是以图 6-3-3 为例来给大家介绍，如果只有一个按键被按下，此时将 P1 口引脚的值取到 button 中，再经过取反后，button 中的 8 位二进制数中只有 1 位为 1，其他都为 0，哪一位为 1，就是对应的那个按键被按下，然后单片机就产生出该按键的键盘码（键盘的数字名字），每个按键都应该有不同的键盘码，这里规定图 6-3-3 中 4 个按键 S0、S1、S2、S3 的键盘码分别为 0、1、2、3，这个过程对于人来说是很简单的，但是单片机来做就要麻烦一些，下面来看看单片机是怎样实现当有一个按键被按下后，判断出是哪个按键按下并产生出相应的键盘码的。

单片机将 P1 读取到 button 中，再对 button 取反，然后判断 button 中是哪一位为 1，就是哪个按键按下了，怎样进行判断呢？它的基本方法是：首先判断 button 中的最低位 D0 位是不是为 1，如果最低位为 1，则说明按键位找到了，就是最低位对应的按键 S0；如果最低位不为 1，则说明被按下的按键不是 S0，要继续找，怎样继续呢？即调用一次函数“_cror_()”将数据移动一下，然后再判断 button 中的最低位 D0 位是不是为 1，如果还是不为 1，则说明对应的 S1 键也没有被按下，就再向右移动一次，继续判断 button 中的最低位 D0 位。此时实际上是判断 S2 按键是否被按下，这样一直做下去，并且用一个 b 变量记录移动的次数（每移动一次，就将这个变量的内容增加 1），观察这样向右移动几次能够使 button 中的最低位 D0 位变为 1，此时这个变量中所记录的次数就是被按下按键的编号。

小贴士 因为 P1 只有 8 位数据，所以最多只需判断 8 次就可以了。

例如电路图 6-3-3 中，假设 S2 键被按下了，那么此时 P1 的值送到 button 中，再取反后结果如下：

	D7	D6	D5	D4	D3	D2	D1	D0
button	0	0	0	0	0	1	0	0

很明显需要调用 2 次函数“_cror_(button,1)”才可以让 D0 位变为 1，而移动次数“2”就是 S2 键的键盘码。

同理，如果是 S3 键被按下，button 中得到的值将如下：

button	D7	D6	D5	D4	D3	D2	D1	D0
	0	0	0	0	1	0	0	0

需要向右移动 3 次，D0 位才会变为 1，而这个右移次数 3 就是 S3 键的键盘码。

可见，要判断究竟是哪个按键被按下了，要得到这个被按下按键的键盘码，需要看 button 中的这个 8 位二进制数经过了多少次右移操作使 button 中的最低位 D0 为 1，这个次数就是被按下的这个按键的键盘码。

大家自己思考一下，如果是 S0 键被按下，得到键盘码的过程是怎样的呢？

具体实现程序如下：

```
unsigned char i, button ,key_code,count = 0,num = 0;
button = P1;
button ~= button;
if(num == 1)                            //若一个按键按下，则判断被按下键的键码
{
    for(i = 0; i < 8; i ++)             //逐个判断具体按下的按键
    {
        if((button & 0x01) != 0x01)     //检测最低位 D0
        {
            count++;                    //计数器加 1
            button = _cror_(button,1);  //循环移位
        }
        else
            break;                      //检测到按键所处位置，退出检测
    }
```

2）独立键盘电路的编程方法

所谓键盘的编程就是要实现当按下某个按键后，单片机能够准确地判断出是哪个按键，并能根据需要执行相应的处理程序。编程方法根据实际应用情况的不同会有很多变化，但还是有一些规律可循，下面总结一下独立式键盘编程的一些规律。

一般来说，键盘编程分为以下几步：

（1）首先单片机要知道是不是有按键被按下。注意，为消除抖动的影响要判断两次，第一次判断按下键后，要延时 10 ms 再次判断，如果还是有按键被按下，此时才能真正确定按键被按下了。

（2）判断出确实有按键被按下后，再判断是不是只有 1 个按键被按下。当然，如果确信在实际应用时不会出现多个按键同时被按下的情况，这个步骤也可以省略。

（3）之后判断究竟是哪一个按键被按下了，并得到这个按键的键盘码。

（4）最后根据不同的键盘码值，跳到相应的处理程序。

4. 任务分析

1）硬件电路分析

电路见图 6-3-4，七段数码管为共阳极数码管，受 P1 口的低 7 位引脚控制，S0～S7 共 8 个按键，它们和 8 个电阻构成独立键盘电路，可以控制 P2 口的 8 个引脚输入的电平高低。按下键，相应引脚输入低电平；不按键，输入高电平。

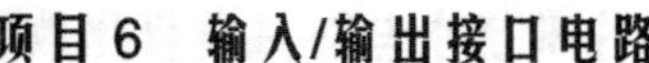

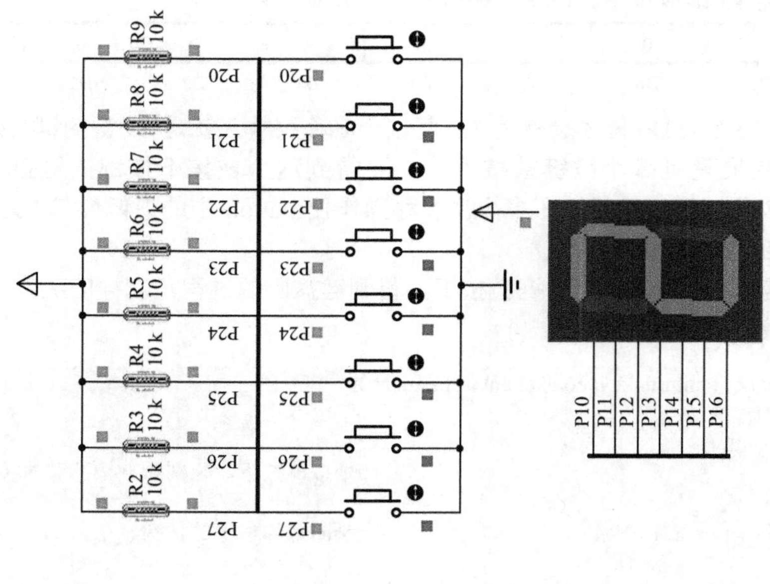

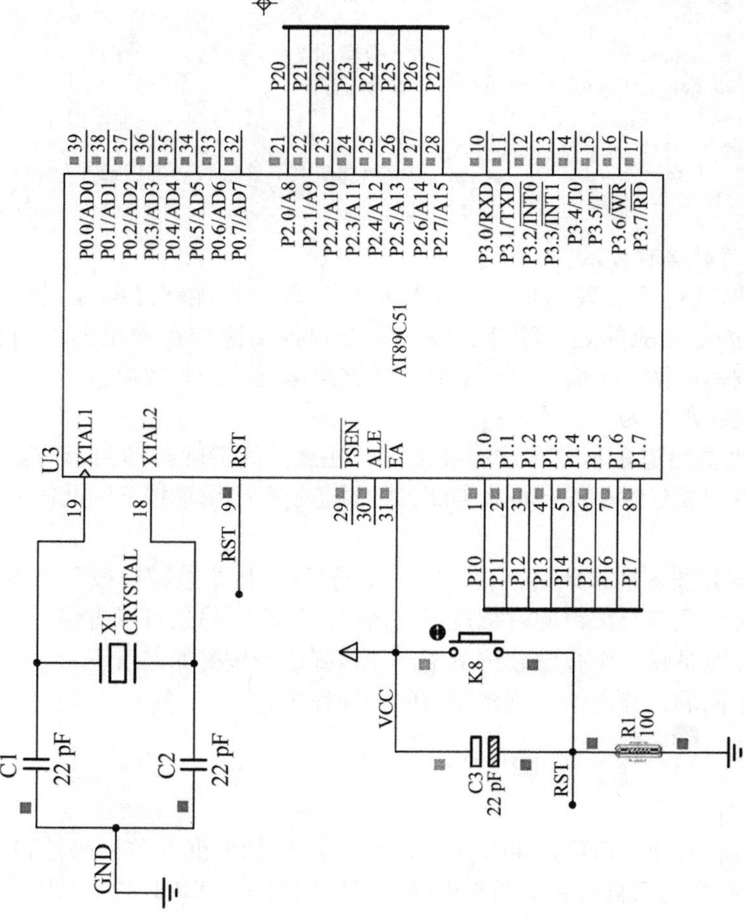

图6-3-4 8按键控制单数码管硬件电路图

关于数码管显示的具体知识参见前面章节的相关内容。

2）软件分析

通过编程，对 8 个按键构成的独立键盘电路进行监控，如果发现有且只有一个按键被按下，就产生了相应按键的键盘码，然后从一位数组中将相应的字型码取出送给数码管显示。注意，这里也可以采用 switch 选择语句，让单片机根据不同的键盘码，跳到不同的处理程序段，显示出不同的数码，大家可以自己思考一下该怎样编程。

这里定义 S0, S1,…, S7 的键盘码分别为 0, 1,…, 7。

程序流程图见图 6-3-5，具体程序如下：

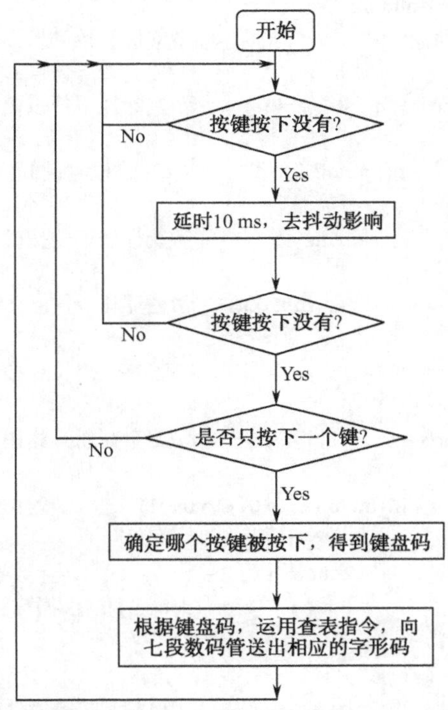

图 6-3-5　8 按键控制单数码管程序流程图

```
//单个数码管显示按键的键码
#include <reg51.h>                          //reg51.h 头文件中包含 51 单片机的专用寄存器
#include <intrins.h>
#define uint unsigned int
#define uchar unsigned char
void delay();                               //申明延时函数
void main()
{
    unsigned char i, button ,key_code,count,num;
    //定义一维数组 DISP，依次存储包括 0~7 和“-”的共阳极数码管的字形码
    uchar code DISP[] = {0xc0,0xf9,0xa4,0xb0,0x99,0x92,0x82,0xf8,0xbf};
    P1 = DISP[8];                           //没有按键按下，显示“-”
    while(1)
```

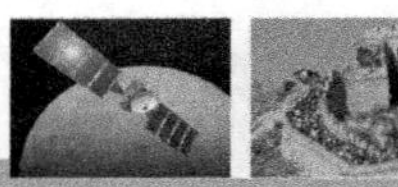

```
        {
            num = 0;
            count = 0;
            P2 = 0xff;                          //读引脚状态，需先置 1
            button = P2;                        //第一次读取按键状态
            button = ~button;
            if (button != 0)                    //有按键按下
            {
                delay( );                       //软件消抖
                button = P2;                    //第二次读取按键状态
                button = ~button;
                if (button != 0)                //的确有按键按下
                {
                    for(i = 0; i < 8; i ++)     //判断按下的按键个数
                    {
                        if((button & 0x01) == 0x01) //检测最低位 D0
                        {
                            num++;              //统计按下的按键个数
                        }
                        button = _cror_(button,1);  //循环移位，8 次后数据还原
                    }
                    if(num == 1)                //若有一个按键按下，则判断按下键的键码
                    {
                        for(i = 0; i < 8; i ++) //逐个判断具体按下的按键
                        {
                            if((button & 0x01) != 0x01)     //检测最低位 D0
                            {
                                count++;                    //计数器加 1
                                button = _cror_(button,1);  //循环移位
                            }
                            else
                                break;          //检测到按键所处位置，退出检测
                        }
                        key_code = count;       //按下的按键所处位置即键码
                        P1 = DISP[key_code];
                    }
                }
            }
        }
}
void delay()                                    //定义延时函数
{
    uchar i,j;
    for(i = 0;i < 100;i++)
    for(j = 0;j < 200;j++);
}
```

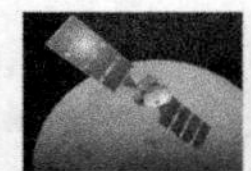

有些读者会不会有这样的问题，每按下一次按键，单片机都要进行如下的判断：

（1）是否有按键被按下；

（2）是否只有一个按键被按下；

（3）产生该按键的键盘码；

（4）根据键盘码采用不同的处理程序。

那会不会出现这样的情况：正在处理上一次按键的过程中，又按下了下一次按键？一般是不会的。为什么？因为上面这段一次按键的处理程序总共加起来所花的时间大概为11 ms，而人们使用键盘时，一般两次按下按键的时间间隔为0.25～0.5 s，即250～500 ms，在这么短的时间内单片机已经完成了前一次按键的相关判断和处理了。

5. 任务实施

（1）在Proteus中按图6-3-5搭接好电路，元件清单如表6-3-1所示。

（2）在Keil软件中编辑程序，进行编译，得到HEX格式文件。

（3）将所得的HEX格式文件在Proteus中加载到单片机芯片中。

（4）开始仿真，随意按下8个键盘中的任意一个，看数码管显示有怎样的变化。

（5）Proteus中的结果正常后，用实际硬件搭接电路，通过编程器将HEX格式文件下载到AT89C51中，通电看实际效果。

表6-3-1 元件清单

元件名称	型　号	数　量	Proteus中的名称
单片机芯片	AT89C51	1片	AT89C51
晶振	12 MHz	1个	CRYSTAL
电容	22 pF	2个	CAP
电解电容	22 μF	1个	CAP-ELEC
按键		9个	BUTTON
电阻	阻值见电路	10个	RES
数码管	共阳极	1	7SEG-COM-ANODE

任务6-4 4×4矩阵键盘控制单数码管显示

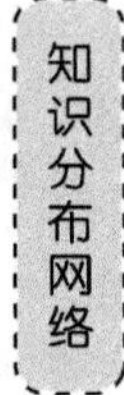

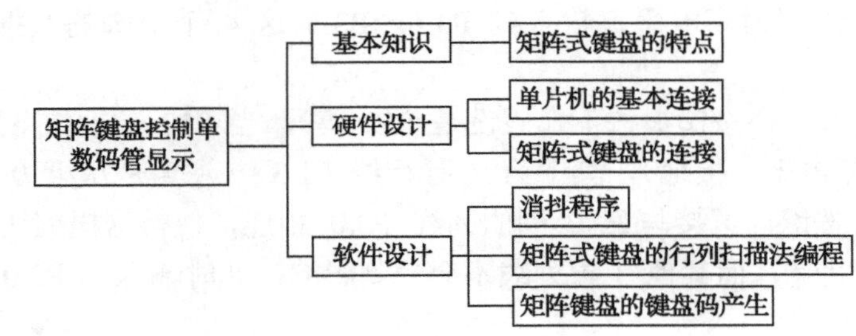

1. 任务目标

（1）矩阵式键盘硬件电路正确连接；

（2）矩阵式键盘电路的软件编程；

（3）巩固函数的编写方法及调用方法。

2. 任务要求

用 S0～S15 共 16 个键盘（排列成 4 行和 4 列的形式）控制单个数码管的显示，要求当有一个按键被按下时，将该按键对应的键盘码在数码管上显示出来，规定 S0 的键盘码为 0，S1 的键盘码为 1，……，S14 的键盘码为 E，S15 的键盘码为 F。

3. 相关知识

1）矩阵键盘电路

在上个任务中介绍了独立式键盘，知道了独立式键盘每个按键都要占用 1 根 I/O 线，而单片机的 I/O 线是很宝贵的资源（只有 32 根），如果所使用的键盘电路按键很多，此时再采用独立式键盘电路就显得不太合适了，这时一般采用矩阵式键盘。

请大家看图 6-4-1，这是一个由 16 个按键构成的矩阵式键盘电路的结构图。把这 16 个按键排列成 4 行×4 列的键盘矩阵，每一行或每一列用一根 I/O 线来控制和监控，这就构成了矩阵式键盘电路。注意，实际使用时，列线所接的 4 个电阻和电源可以去掉，为什么？后面再给大家介绍。16 个按键只要 8 根 I/O 线就可以了，而如果采用独立式键盘电路，要 16 根 I/O 线才可以。可见，采用矩阵式键盘可以大大节约 I/O 线资源，按键越多，效果越明显。

一般把矩阵式键盘的行线和列线接到单片机的 I/O 脚上，图 6-4-1 中行线接到 P1.0～P1.3，列线接到 P3.0～P3.3 上，在实际应用中从 P1.0～P1.3 脚输出数据到行线，然后将列线对应的数据输入到 P3.0～P3.3 上。也就是说在使用矩阵式键盘时，连接行线和列线的 I/O 脚不能全部用来输出或全部用来输入，必须一个输出，另一个是输入。比如在这里的这个电路中，就是行是输出，列是输入，为什么要这样呢？下面给大家介绍。

（1）怎样判断矩阵式键盘是否有按键被按下（行列扫描法）？

先分析一下图 6-4-1 中的这个矩阵式键盘电路图，让单片机从 P1.0～P1.3 的 4 个 I/O 脚上输出全 0，让这 4 根行线全部为低电平（假设这个低电平就是接地，为 0 V），然后分析此时按下和没按下键对列线电平高低有什么影响。

① 如果此时没有任何一个按键被按下，这 4 根接地（为 0 V）的行线是不会将任何一根列线短路接地的，也就是说 4 根列线不会与 4 根为 0（接地）的行线发生任何关系，此时 4 根列线都为高电平，输入到 P3.0～P3.3 这 4 个引脚的数据就是为 1111 的 4 位二进制数。

② 如果此时有一个按键被按下（假设是 S12 键），当 S12 键被按下后，由于此时 4 根行线输出的全是低电平（接地），其中第 3 行行线 P1.3 （注意是从第 0 行开始数）经过被按下连通的 S12 按键，直接与第 0 列的列线 P3.0 相连，使得这根列线与地（低电平）短路，从而使 P3.0 为 0，而其他 3 根列线不会受到影响，此时输入到 P3.0～P3.3 中的数据为 0111。

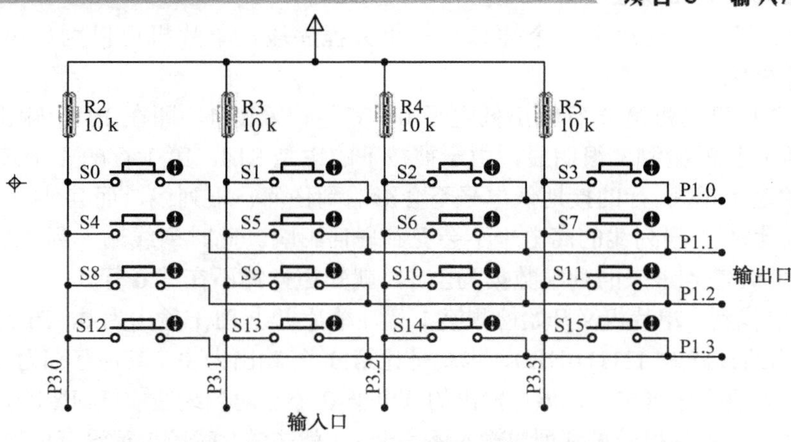

图 6-4-1 16 个按键构成的矩阵式键盘电路的结构图

类似地，还可以分析出，如果是按下 S10 键，则行线 P1.2 输出的接地电平就要经过按下连通的 S10 键短路第 2 根列线 P3.2，使输入到 P3.0～P3.3 中的数据为 1101。大家可以自己分析一下，如果是 S3 按键按下了，输入到 P3.0～P3.3 中的数据应该为多少？

通过上面的分析，可以发现矩阵式键盘有这样一个规律，当行线输出全 0 时，此时如果没有按键被按下，则列线输入的数据就全为 1；如果有一个按键被按下了，则这个按键对应的列线输入就会变成 0，单片机通过对连接到列线的 I/O 脚上的输入数据的判断，就可以知道是否有按键被按下，判断的程序段如下：

```
uchar button;
P1 = 0xf0;                        //向所有的行线上输出低电平
P3 = 0xff;                        //读取 P3 口的状态必先将其置 1
button = ~P3;                     //读入取反后的列值
if(button != 0x00)                //第一次判断有键按下
{
      delay(1200);                //延时 10 ms
      P3 = 0xff;                  //读取 P3 口的状态必先将其置 1
      button = ~P3;               //读入取反后的列值
      if(button != 0x00)          //第二次判断有键按下
      {}                          //有按键按下的处理程序
}
```

在上面这段程序中经过延时 10 ms 程序后又判断了一次，这样做是为了消除抖动，这个内容在前一个任务中介绍过。

经过这一段的介绍，大家应该明白为什么行线和列线所接的 I/O 脚必须一个为输出，另一个为输入了吧。如果行和列都是输出或都是输入，单片机是不能知道有没有按键被按下的。

（2）怎样判断是哪一个按键被按下？

现在已经知道单片机是怎样判断有没有按键被按下的，那它又是怎样判断按键所在的行和列呢。它采用了一种名为行列扫描法的方法，下面就来介绍一下。

假设现在被按下的按键是 S14，人一眼就可以看出 S14 所在的行是第 3 行，列是第 2 列，但是单片机是没有眼睛的，下面就来模拟一下单片机是怎样通过行列扫描法将 S14 按键的行号和列号找出来的。

当按下 S14 键后，通过上一个知识点的相关程序段，单片机可以判断出有按键被按下，然后它怎么做呢？

① 首先，单片机先将第 0 行输出低电平 0，其他行输出 1，即在 P1 上输出 11111110B 的数据，开始第 0 行的检测。很明显，由于被按下的键是 S14，第 1 行的 4 个按键都没有连通，所以输出的这个第 0 行的接地低电平不会影响到任何一根列线，而其他 3 根行线都为高电平 1，所以此时 4 根列线的高电平不会受到任何影响。此时列线输入到 P3 的数据全为 1，单片机发现此时输入进来的列线数据为全 1，就知道按键不在第 0 行。

② 第 0 行没找到，单片机又开始检测第 1 行，单片机让 P1.1 输出为 0，P1 口的其他引脚输出 1（P1 输出的数据为 11111101B），也就是让第 1 行输出为 0，其他行都为 1。同样的道理，由于第 1 行也没有按键按下，该行输出的低电平 0 不会对列线造成任何影响，此时列线输入到 P3 的还是全 1，单片机一见到列线输入还是全 1，就知道此时第 1 行没有按键被按下。

③ 第 1 行没找到，单片机又开始检测第 2 行，方式与检测第 1 行相同，只不过输出数据变为 11111011B。

④ 第 2 行没找到，单片机又开始检测第 3 行，单片机让 P1.3 输出为 0，P1 口的其他引脚输出 1（P1 输出的数据为 11110111B），也就是让第 3 行输出为 0，其他行都为 1。由于按下了 S14 键，该键正好处于第 3 行，所以此时第 3 行所输出的低电平 0（理解为接地）就要通过接通的 S14 按键，使得 S14 按键对应的第 2 根列线 P3.2 被低电平短路，由原来的高电平变为低电平，使列线输入到 P3 口的数据不是全 1，而是 P3=11111011B。单片机只要发现接收进来的列线不是全为 1，就知道被按下的按键在现在检测的行，可以用一个变量（如 row）存储起来，让它初值为 0，每检测一行，就把它的值加 1，这样当检测结束时，这个变量中的内容就是行号了。

在本例中，当单片机检测到第 3 行时，就把行号确定下来了，此时把行线所接端口 P1 输出的数据称为行扫描码，把此时列线输入到 P3 口的数据称为列扫描码，通过刚才的分析知道，对于 S14 按键，被按下时的行扫描码为 P1=11110111B，列扫描码为 P3=11111011B。单片机现在已经知道按键所在的行了，还需要确定按键在哪一列，它是怎么做的呢？

⑤ 确定按键在哪一列。单片机怎样确定按键在哪一列呢？大家仔细观察一下刚才说的 S14 按键对应的列扫描码 P3=11111011B，列扫描码中包含了按键所在列的信息，可以发现列扫描码中 0 所在的位置就是按键所在的列号。比如现在的列扫描码是 D2 位为 0，则按键所在列就是第 2 列，所以单片机是怎样判断出按键列所在的位置的？实际上就是判断列扫描码中的那个 0 数据在哪一位，可以用上一个任务中介绍的方法来让单片机求出列号，就是将列扫描码取反后，看需要向右移动几次可以将数据 1 移动到最低位，这就是要求的列号。比如在这个例子中，S14 键按下时，列扫描码为 P3=11111011B，取反后变为 00000100B，很显然要应用 2 次右移运算，也就是要向右移动 2 次，为 1 的那位数据才会移动到最低位，所以 S14 按键的列号为 2，它在第 2 列上（注意列号是从 0 开始的），具体实现程序可如下：

```
P1 = 0xfe << row;                    //确定行号后，把行线所接的数据称为行扫描码
button = ~P3;                        //列线输入到 P3 口的数据称为列扫描码
for(i = 0;i < 4;i ++)
{
    if((button & 0x01) != 0x01)
    {
```

```
                col++;
                button = _cror_(button,1);
            }
            else
                break;
        }
```

可见，当有一个按键被按下后，单片机是这样找到这个按键的：它一行一行地扫描，也就一行一行地输出 0 电平，然后检测列线输入是不是全为 1，如果全为 1，则说明按键不在这一行，继续检测下一行，直到输出某行为 0 时，列的输入不是全为 1，而是某一位为 0，说明按键就在正在检测的行，确定出行号后再根据列扫描码，求出列号，这样就把按键对应的行号与列号确定下来了。

如果是按键 S7 被按下，大家自己试试用语言来描述一下单片机通过行列扫描法来确定行号和列号的过程。

（3）怎样产生键盘码？

和独立式按键一样，矩阵式键盘的每一个按键都有自己的键盘码，它是怎样产生的呢？对于矩阵式键盘，它的键盘码通常都与它对应的行号和列号有固定的运算关系，只要知道了行号与列号，就可以求出按键的键盘码。

以图 6-4-1 为例，设定 S0 的键盘码为 0，S1 的键盘码为 1，……，S15 的键盘码为 15。则键盘码与按键行、列号的关系为：键盘码=行号×每行按键数+列号。

例如 S14 键，行号为 3，列号为 2，每行键盘数为 4，所以键盘码=3×4+2=14。

再例如 S10 键，行号为 2，列号为 2，则 S10 的键盘码=2×4+2=10。

2）矩阵式键盘电路的编程

矩阵式键盘电路的编程基本过程如下：

（1）判断是否有按键被按下（注意要经过延时程序延时 10 ms 判断 2 次，以消除抖动的影响）。

（2）通过行列扫描法得到行列扫描码，并确定出行号和列号。

（3）通过行号和列号与键盘码的关系求被按下按键的键盘码。

（4）根据得到的不同的键盘码采用不同的处理程序。

3）函数的编写

在实际的单片机应用系统软件设计中，为了程序结构更加清晰、易于设计、易于修改及增强程序可读性，基本上都要使用函数。函数是一个具有独立功能的程序段，编程时需遵循以下原则：

（1）用户自定义函数的函数类型是函数返回值的类型，无返回值则为 void。

（2）如果函数定义在调用之后，那么必须在调用之前（一般在程序头部）对函数进行申明。

（3）调用函数的一般格式为：函数名（实际参数列表）。

4. 任务分析

1）硬件电路分析

硬件电路见图 6-4-2。硬件电路说明如下。

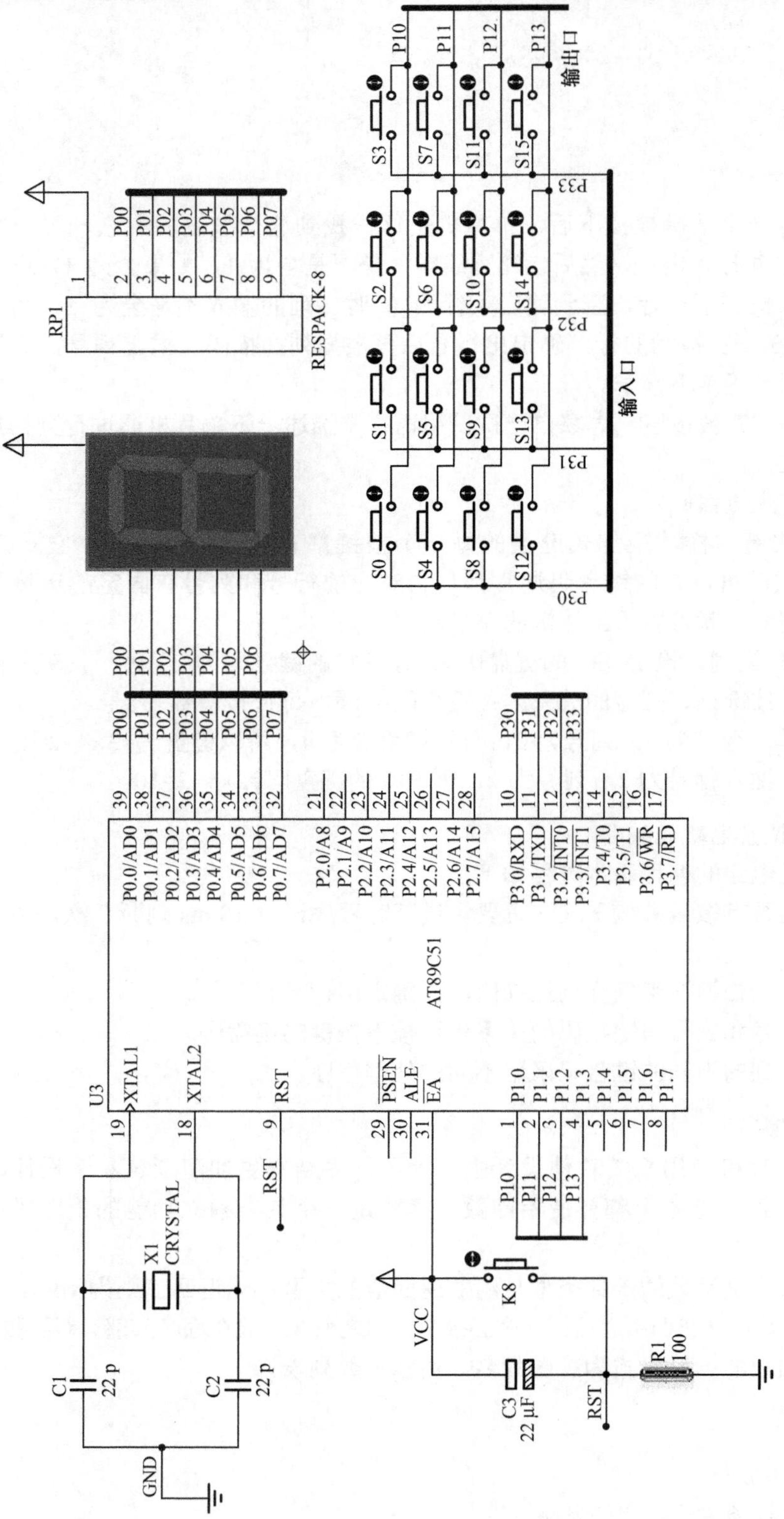

图6-4-2　4×4矩阵式键盘控制单数码管硬件电路图

（1）矩阵式键盘电路：由 S0～S15 共 16 个按键构成，列线为输入，接到 P3 口（P3.0～P3.3）；行线为输出，接到 P1 口（P1.0～P1.3）。请注意在这个电路中没有把 4 根列线通过 4 个电阻接电源，以保证没有按键被按下时，列线输入全为 1，而是让列线什么也不接，处于悬空状态，实际上工作原理两者都一样，因为对于单片机的 I/O 端口为输入引脚时，悬空脚相当于接高电平，等效于 4 根列线接到了电源 VCC 上。

（2）数码管显示电路由 1 个 8 段共阳极数码管构成，当公共端为高时，数码管显示；当公共端为低时，数码管则不显示，字型码由单片机的 P0 口输出给数码管。

2）软件分析

通过编程，对 16 个按键构成的矩阵式键盘电路进行监控，如果发现有按键被按下，则通过行列扫描得到行列扫描码，通过行列扫描码得到行号与列号，然后通过行号与列号求得被按下按键的键盘码，最后送给 P0 口在数码管上显示出来。

具体程序如下，程序流程图见图 6-4-3。

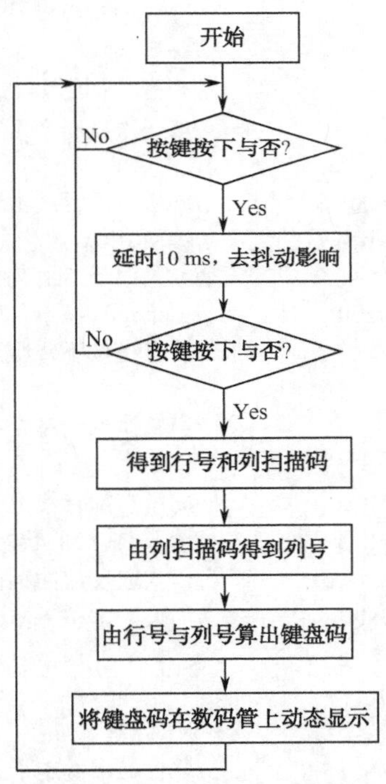

图 6-4-3　4×4 矩阵式键盘控制单数码管程序流程图

```
//4×4 矩阵式键盘控制单数码管显示
//12 MHz 的晶振
#include <reg51.h>
#include <intrins.h>
#define uchar unsigned char
#define uint unsigned int
void delay(uint k);                          //申明延时函数
uchar scan_key();                            //申明扫描键盘函数
//共阳极数码管字形码 0~9,A~F
```

```
uchar code DISP[] = {0xc0,0xf9,0xa4,0xb0,0x99,0x92,0x82,0xf8,
                     0x80,0x90,0x88,0x83,0xc6,0xa1,0x86,0x8e};
void main()
{
        uchar i;
        P0 = 0xff;                          //关显示
        while(1)
        {
                i = scan_key();
                P0 = DISP[i];
        }
}
uchar scan_key()
{
        uchar i;
        uchar button;                       //读取键盘数据
        uchar row = 0;                      //行号
        uchar col = 0;                      //列号
        do                                  //第一次判断是否有键按下
        {
                P1 = 0x00;                  //向所有的行线上输出低电平
                P3 = 0xff;                  //读取 P3 口的状态必先将其置 1
                button = ~P3;               //读入取反后的列值
        }while(button == 0x00);             //如果无键按下，则等待
        delay(1200);                        //若有键按下，则延时 10ms 去抖

        do                                  //第二次判断是否有键按下
        {
                P1 = 0x00;                  //向所有的行线上输出低电平
                P3 = 0xff;                  //读取 P3 口的状态必先将其置 1
                button = ~P3;               //读入取反后的列值
        }while(button == 0x00);             //如果无键按下，则等待
        //确定按键所处的行
        for(i = 0;i < 4;i ++)
        {
                P1 = 0xfe << i;             //逐行送出低电平
                button = P3;                //读取列值
                if(button == 0xff )
                {
                        row++;
                }
        }
        //确定按键所处的列
        P1 = 0xfe << row;                   //确定行号后，把行线所接的数据称为行扫描码
        button = ~P3;                       //列线输入到 P3 口的数据称为列扫描码
        for(i = 0;i < 4;i ++)
```

```
        {
                if((button & 0x01) != 0x01)
                {
                        col++;
                        button = _cror_(button,1);
                }
                else
                        break;
        }

        do                                      //判断按键是否释放
        {
                P1 = 0x00;                      //向所有的行线上输出低电平
                P3 = 0xff;                      //读取 P3 口的状态必先将其置 1
                button = ~P3;                   //读入取反后的列值
        }while(button != 0x00);                 //如果键被按下没有释放，则等待
        delay(1200);                            //延时 10 ms
        return(row * 4 + col);                  //键值=行号×4+列号
}

void delay(uint k)                              //定义延时函数
{
    uint j;
    for(j = 0;j < k;j ++);
}
```

5. 任务实施

（1）在 Proteus 中按照图 6-4-2 搭接好电路，元件清单如表 6-4-1 所示。

表 6-4-1　元件清单

元件名称	型　号	数　量	Proteus 中的名称
单片机芯片	AT89C51	1 片	AT89C51
晶振	12 MHz	1	CRYSTAL
电容	22 pF	2	CAP
电解电容	22 μF/16 V	1	CAP-ELEC
按键		17 个	BUTTON
电阻	10 kΩ	1 个	RES
共阳极数码管		1 个	7SEG-COM-ANODE
电阻排	10 kΩ	1	RESPACK

（2）在 Keil 软件中编辑程序，进行编译，得到 HEX 格式文件。

（3）将所得的 HEX 格式文件在 Proteus 中加载到单片机芯片中。

（4）开始仿真，随意按下 16 个键盘中的任意一个，看数码管显示有怎样的变化。

（5）Proteus 中的结果正常后，用实际硬件搭接电路，通过编程器将 HEX 格式文件下载

到AT89C51中。

（6）通电后随意按下16个键盘中的任意一个，看数码管显示有怎样的变化。

想一想，做一做

在本任务中是让行线为输出、列线为输入，如果反过来，即行线为输入、列线为输出，设计一个4行×8列的矩阵式键盘控制双数码管的电路，看看你能做出来吗？

知识梳理与总结

（1）访问扩展的I/O端口就是访问片外RAM。

（2）数码管动态显示主要用在数码管较多时，可以大大节约硬件I/O端口资源。

（3）独立式按键在按键数比较少时采用，编程方法较简单。若键盘数目要求比较多时，可采用矩阵式键盘，采用行列扫描法得到对应按键的键盘码。

练习题6

1．数字跑表设计。基本要求如下：

（1）4位LED数码管动态显示，显示最小时间单位为0.01 s，最多显示时间99 s。

（2）由按键控制，第一次按下按键，开始计时；第二次按下按键，停止计时；第三次按下按键，清0。

2．数字钟设计。基本要求如下：

（1）6位LED数码管动态显示时分秒。

（2）能实现秒、分、时的校正。

3．电子琴。基本要求如下：

（1）产生16个音调（16个音调自选）。

（2）通过4×4的矩阵式键盘控制，按下某个按键，就产生相应音调的声音。

附录 A　Proteus 软件使用入门

Proteus 是一款非常不错的单片机模拟软件。虽然电子模拟软件不少，但是能很好地模拟单片机的只有 Proteus 软件。该软件能模拟 51 单片机、Avr 单片机、PIC 单片机，以及部分 ARM 芯片。支持的外围器件也很多，包括 A/D、LCD、LED 数码管，温度，时钟等芯片。对初学者来说，是非常好的入门工具。现以 Proteus 7.1 为例，简要介绍一下它的基本操作，更详细的使用方法请参看相关资料。

软件的试用版本可到 http://www.labcenter.co.uk/index.cfm 主页下载。

Proteus 基本操作分成 5 步：新建设计文件－调出元件到元件池－放置元件并连线－加载程序文件－仿真。

现详细说明如下。

1. 新建一个设计文件

（1）单击 Proteus 软件的快捷方式“ISIS 7 Professional”（见图 A-1），进入软件，其启动画面见图 A-2。

图 A-1　软件快捷方式

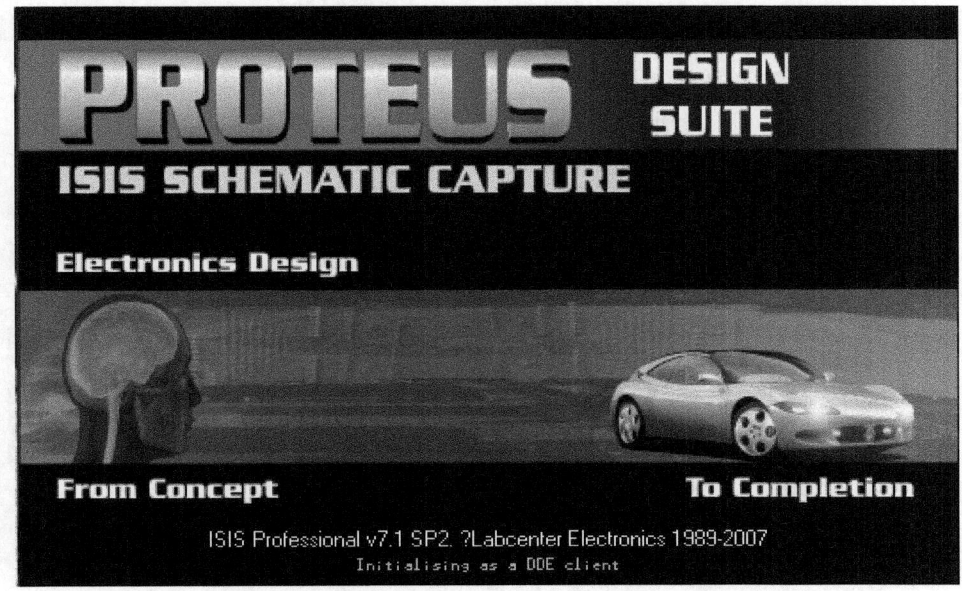

图 A-2　软件启动画面

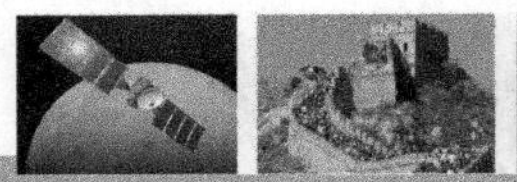

（2）新建一个设计文件，见图 A-3。

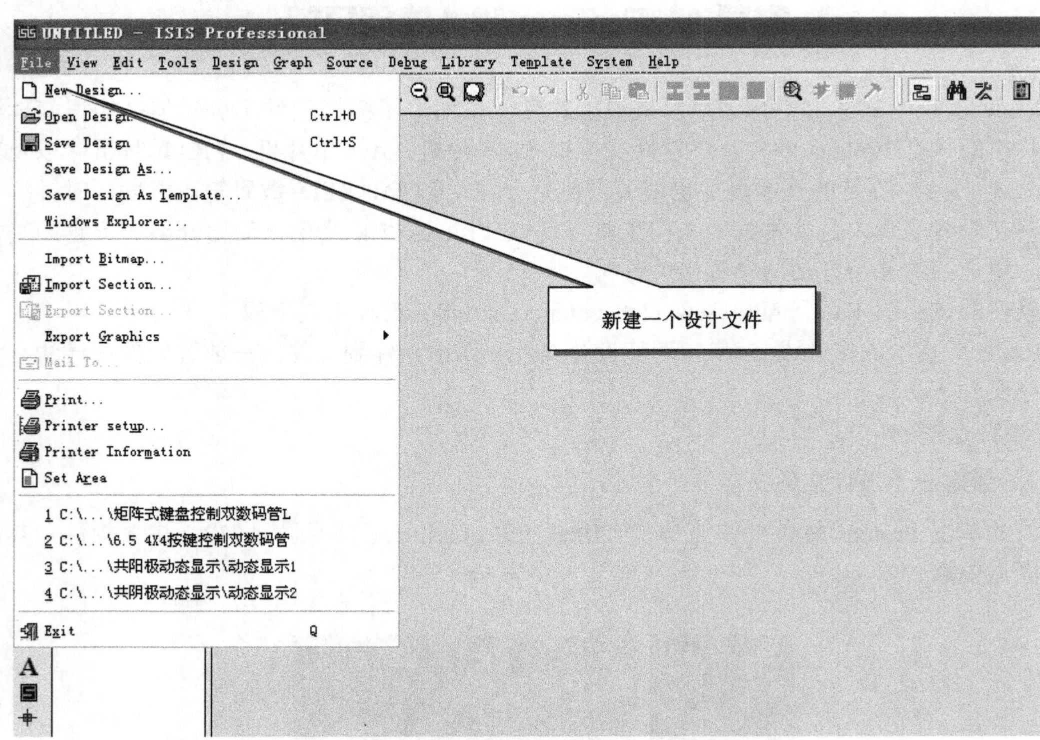

图 A-3　新建一个设计文件图

（3）选择设计文件模板，见图 A-4。

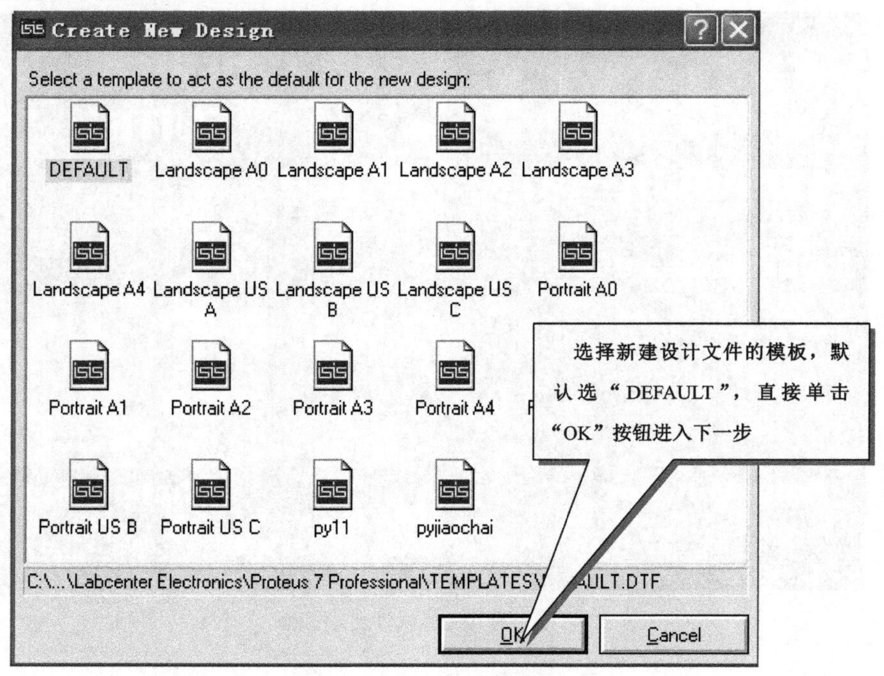

图 A-4　设计文件模板选择图

（4）添加元件到元件池。

① 调出元件选择对话框，过程见图 A-5。

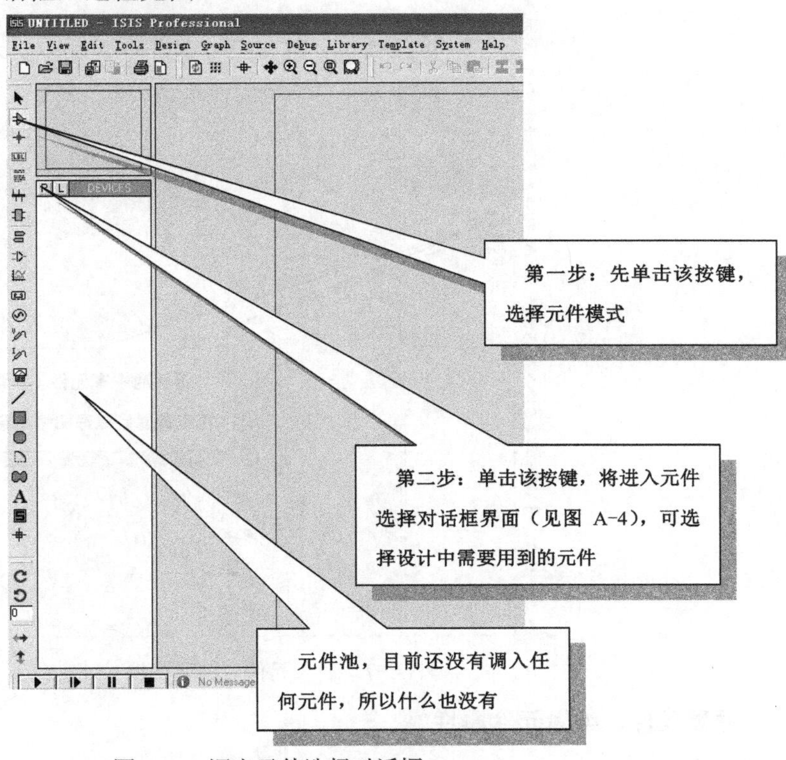

图 A-5　调出元件选择对话框

② 在元件选择对话框中选择元件，见图 A-6。

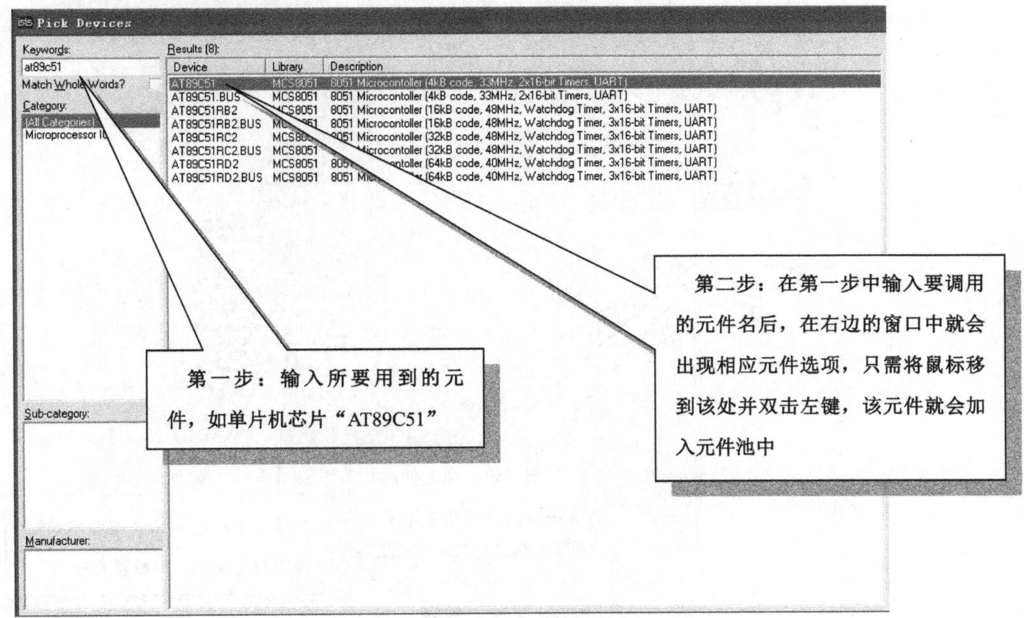

图 A-6　元件选择过程图

（5）用相同的的方法调入其他要用到的元件，调入元件后，元件池就不再为空了，见图 A-7。

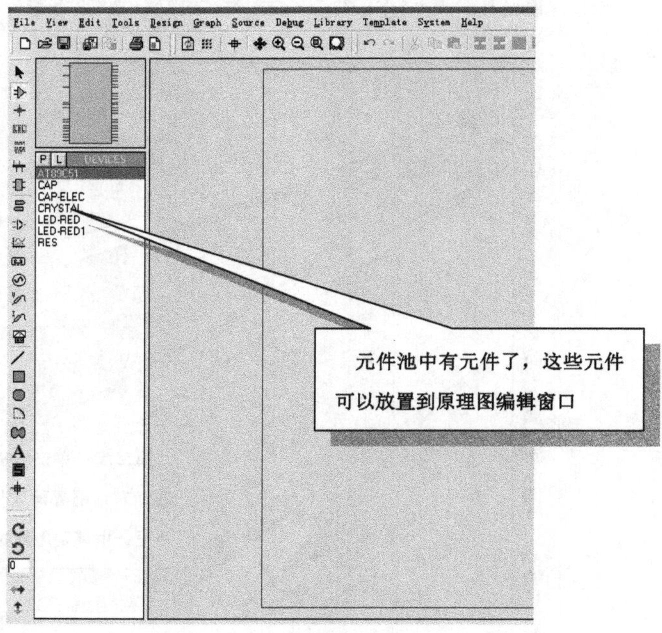

图 A-7　调入元件后的元件池

2. 放置元件，编辑元件属性

在原理图编辑窗口放置元件，编辑元件属性，连上导线。

（1）放置元件到原理图编辑窗口中，见图 A-8。

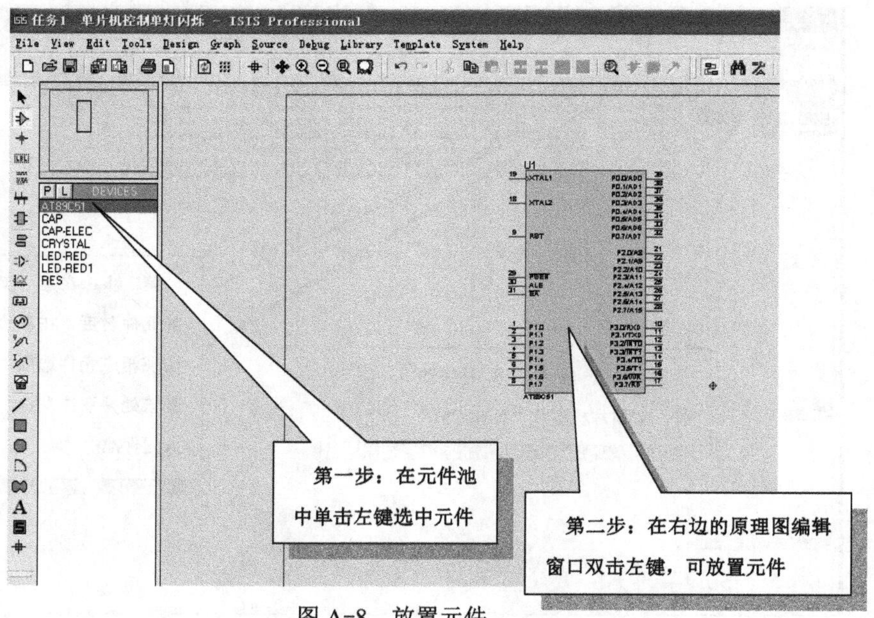

图 A-8　放置元件

注意 放置元件时要注意所放置的元件应放到原理图编辑窗口的蓝色方框内。

（2）编辑元件属性，过程见图A-9。

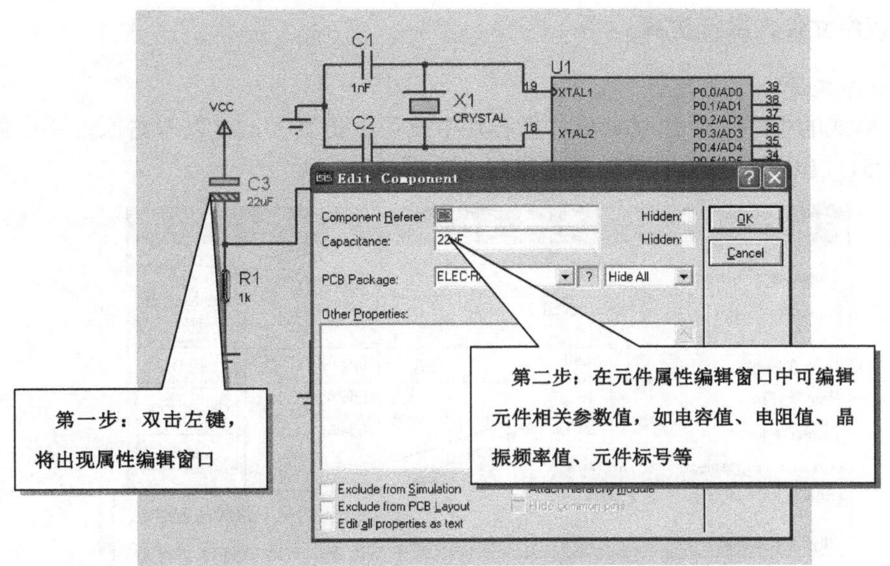

图A-9 编辑元件属性

（3）电源与接地端的放置，见图A-10。

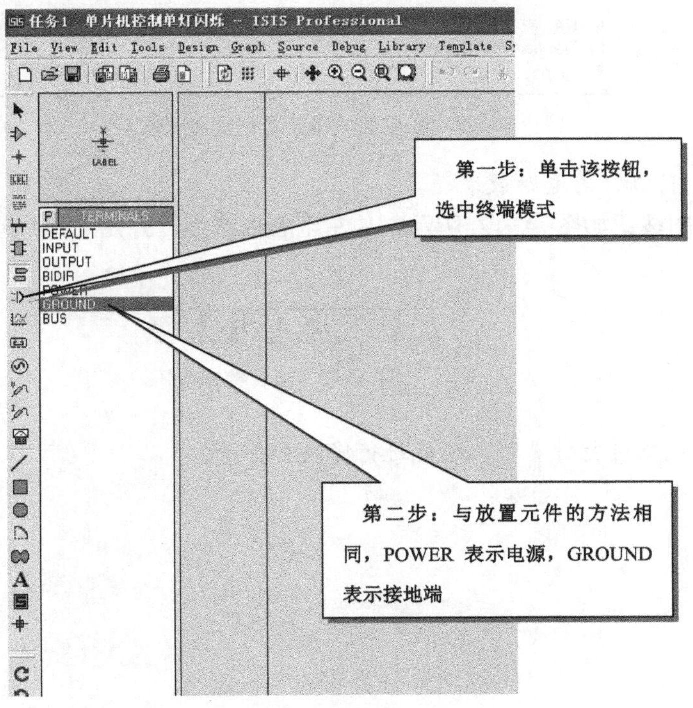

图A-10 电源与接地端的放置

3. 连接导线

Proteus 中的连线用鼠标左键完成。只要在需要连线的两点分别单击一次就可以实现连线了。

4. 加载程序文件，进行仿真

1）加载程序文件

将 HEX 格式的程序文件加载到单片机芯片中就可以仿真了，可以双击原理图中的单片机元件 AT89C51，出现单片机的属性编辑窗口，见图 A-11。

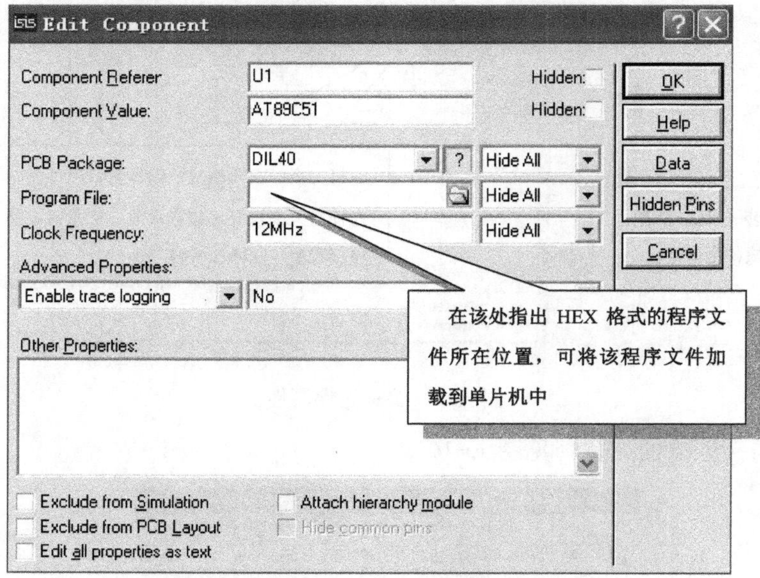

图 A-11　单片机属性编辑界面

2）启动仿真，看电路效果

仿真控制按钮如图 A-12 所示，从左至右依次为“开始”“单步”“暂停”“结束”4 个功能按钮。

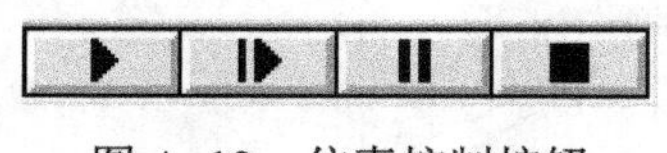

图 A-12　仿真控制按钮

注意　在电路进行仿真时，不能进行修改和存盘。

附录 B　Keil 软件使用入门

Keil C51 是德国 Keil Software 公司出品的 51 系列兼容单片机 C 语言软件开发系统，Keil C51 软件提供丰富的库函数和功能强大的集成开发调试工具，全 Windows 界面。另外很重要的一点，只要看一下编译后生成的汇编代码，就能体会到 Keil C51 生成的目标代码效率非常高，多数语句生成的汇编代码很紧凑，容易理解，在开发大型软件时更能体现高级语言的优势。

Keil C51 的操作流程如下所示。

1. 新建工程

新建工程如图 B-1 所示。

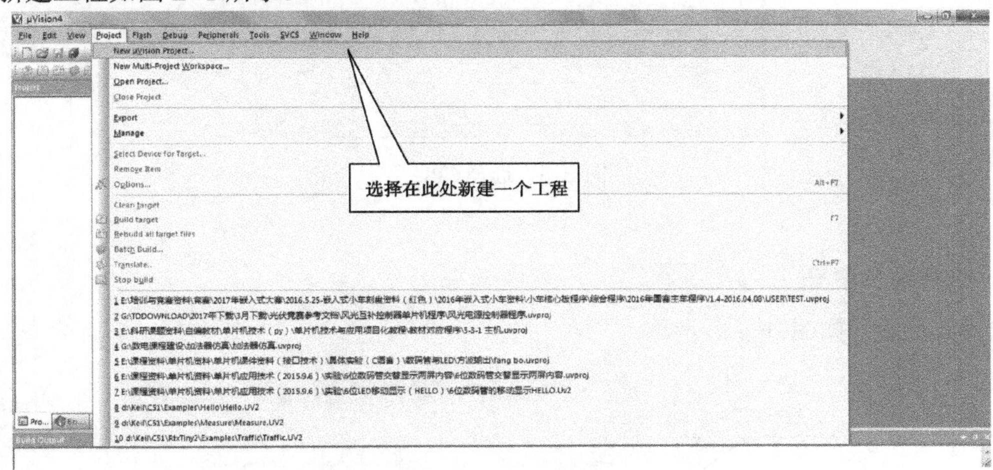

图 B-1　新建工程

2. 保存路径

保存路径过程如图 B-2 所示。

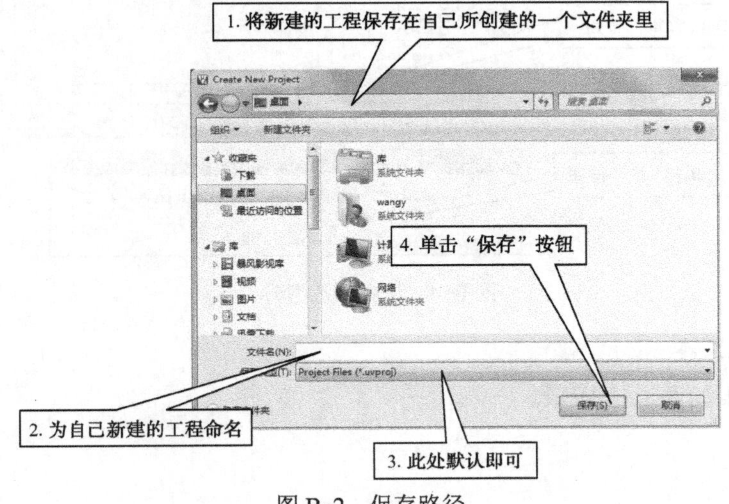

图 B-2　保存路径

3. 选择 CPU

选择 CPU 如图 B-3 所示。

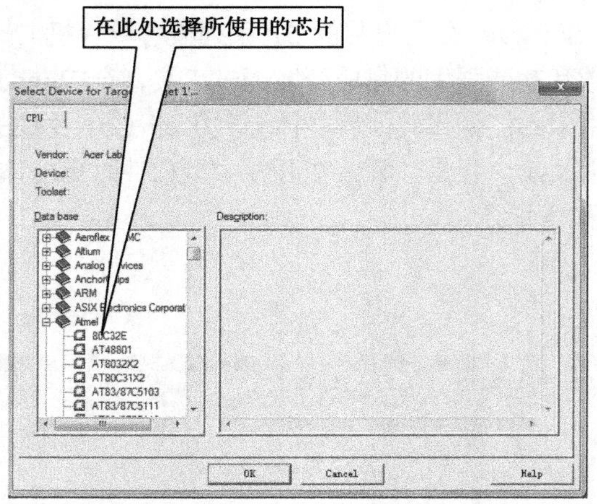

图 B-3　选择 CPU

4. 选择芯片型号

选择芯片型号如图 B-4 所示。

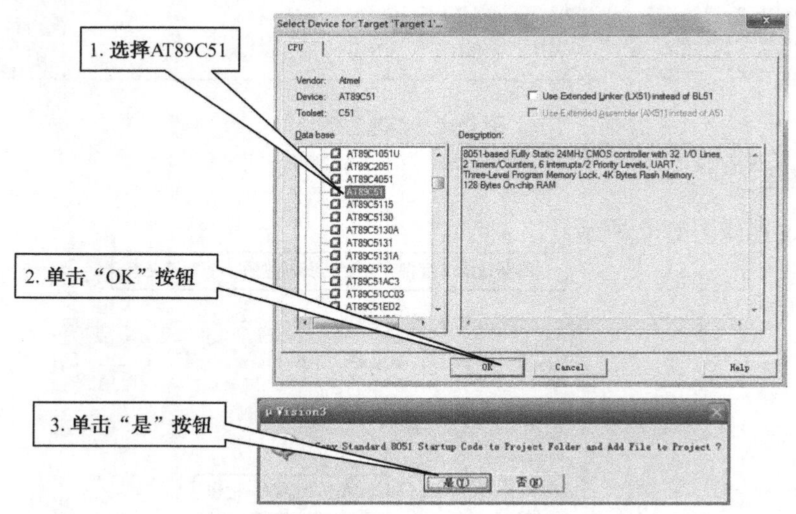

图 B-4　选择芯片型号

5. 新建编程文本

新建编程文本如图 B-5 所示。

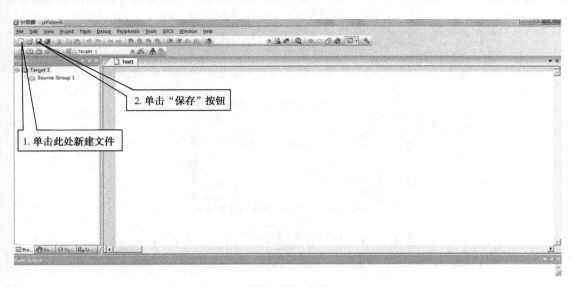

图 B-5　新建编程文本

6. 保存文本

保存文本如图 B-6 所示。

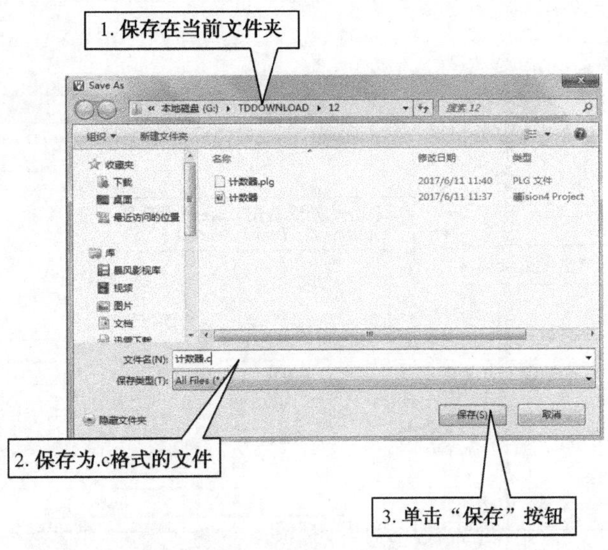

图 B-6　保存文本

7. 加载文件

加载文件如图 B-7 所示。

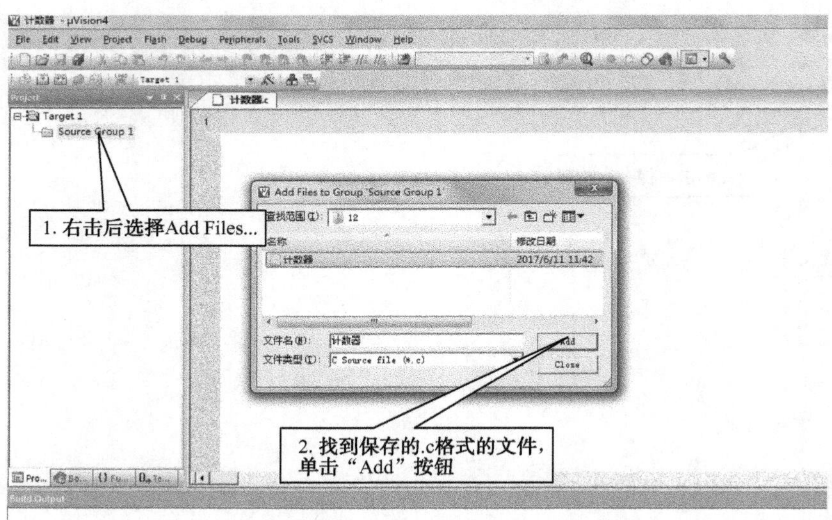

图 B-7　加载文件

8. 配置目标文件

配置目标文件如图 B-8 所示。

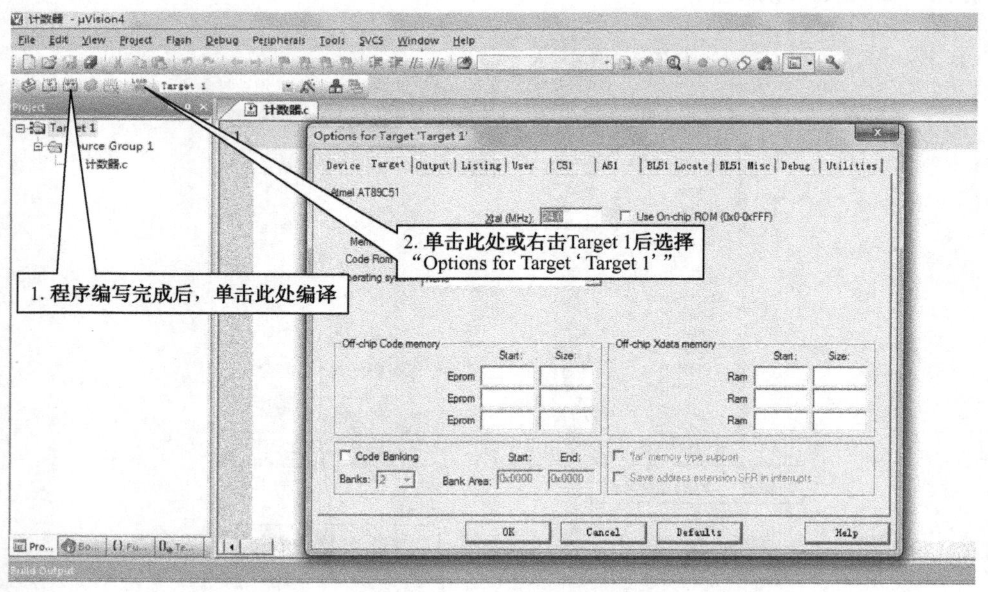

图 B-8　配置目标文件

9. 设置生成为 HEX 文件

设置生成为 HEX 文件如图 B-9 所示。

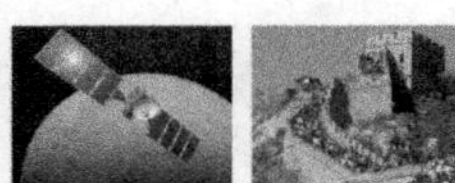

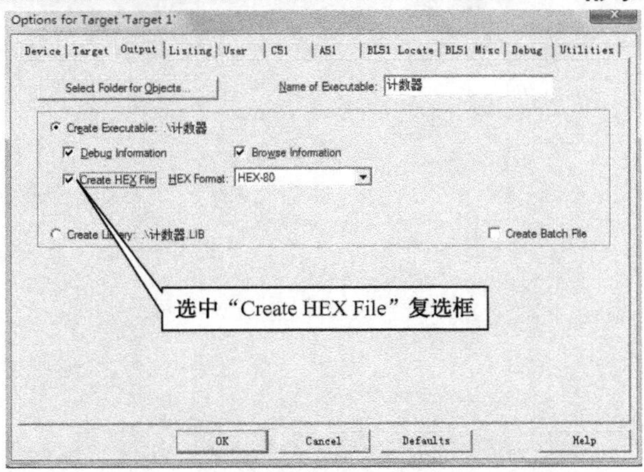

图 B-9　设置生成为 HEX 文件

10. 编译

编译如图 B-10 所示。

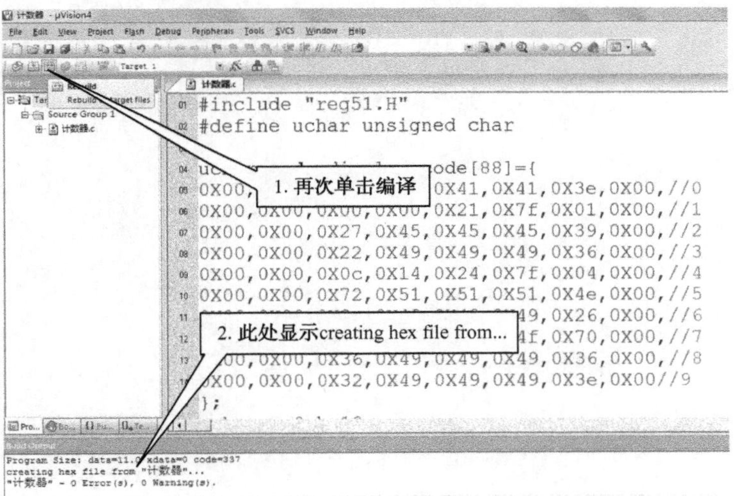

图 B-10　编译